AI 繪圖
一秒上手

用中文提示詞實現創意
ChatGPT、Copilot、Designer、Bing、Sora

關於文淵閣工作室

常常聽到很多讀者跟我們說：我就是看你們的書學會用電腦的。

是的！這就是寫書的出發點和原動力，想讓每個讀者都能看我們的書跟上軟體的腳步，讓軟體不只是軟體，而是提升個人效率的工具。

文淵閣工作室創立於 1987 年，創會成員鄧文淵、李淑玲在學習電腦的過程中，就像每個剛開始接觸電腦的你一樣碰到了很多問題，因此決定整合自身的編輯、教學經驗及新生代的高手群，陸續推出「快快樂樂全系列」電腦叢書，冀望以輕鬆、深入淺出的筆觸、詳細的圖說，解決電腦學習者的徬徨無助，並搭配相關網站服務讀者。

隨著時代的進步與讀者的需求，文淵閣工作室除了原有的 Office、多媒體網頁設計系列，更將著作範圍延伸至各類 AI 實務應用、程式設計、影像編修與創意書籍。如果你在閱讀本書時有任何的問題，歡迎至文淵閣工作室網站或者使用電子郵件與我們聯絡。

- ◆ 文淵閣工作室網站　http://www.e-happy.com.tw
- ◆ 服務電子信箱　e-happy@e-happy.com.tw
- ◆ Facebook 粉絲團　http://www.facebook.com/ehappytw

總　監　製：鄧文淵　　　企劃編輯：鄧君如

監　　　督：李淑玲　　　責任編輯：李昕儒

行銷企劃：鄧君如　　　執行編輯：熊文誠、鄧君怡

本書學習資源

AI 不只是工具，更是創意的無限可能！本書從入門到進階，帶你探索 AI 圖像創作、風格融合、商業應用，甚至進一步解鎖 Sora AI 動態影像，讓你的作品不再只是單一風格，而是透過 AI 生圖展現無限創意與故事感！

書中以電腦瀏覽器示範，各單元範例素材、提示詞文字檔與影音教學 ... 等，可從 此網站下載：http://books.gotop.com.tw/DOWNLOAD/ACU087700 下載檔案為壓縮檔，請解壓縮後再使用。< 本書範例 > 資料夾中，依各章節編號資料夾分別存放，各 TIP 運用範例素材與提示詞：

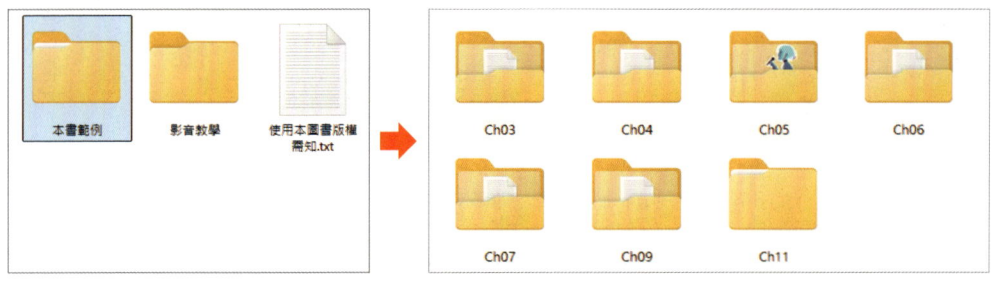

< 影音教學 > 資料夾中，存放 <Microsoft Designer 海報設計教學影片 .mp4>，解壓縮後直接執行即可觀看。

▶ 線上下載

本書完整範例檔請至下列網址下載：

http://books.gotop.com.tw/DOWNLOAD/ACU087700

其內容僅供合法持有本書的讀者使用，未經授權不得抄襲、轉載或任意散佈。

前言：讓我們一起邁向 AI 圖像生成的世界

一、學習 AI 圖像生成正是時候

在 AI 時代，只要有構思並能描述它，一幅圖像就呈現在你眼前。

以往的 AI 生圖工具都需要使用英文來寫提示詞，對於習慣使用中文的學習者難免有所困難，雖然可以使用 ChatGPT 來翻譯，但總會有一種隔靴搔癢的感覺。現在直接使用中文提示詞的 AI 圖像生成工具逐漸普及，我們可以直接用中文撰寫提示詞，讓創作變得更加直覺，再也沒有"不會寫提示詞"而無法生成理想圖像的藉口了！

相信自己的潛力，珍惜這段學習的旅程。未來屬於那些敢於挑戰自我、持續學習與創新的探索者。每一段用心撰寫的提示詞、每一個閃現的想法，都是邁向成功的階梯。勇敢前行，讓自己的藝術世界充滿光彩和生機！

二、三十年磨一劍：從 Office 走到 ChatGPT

光陰似箭，日月如梭，想當年 (1987 年) 鄧大俠夫婦（當時我叫鄧大俠）第一本 "快快樂樂學電腦" 系列叢書問世，至今一晃前後已經 38 年了！

回想當初投身撰寫電腦叢書的動機，源自於在中央大學的電腦師資班受訓時，教授與學者專家們所寫的電腦書，不是過於理論化，就是內容過於深奧，而對初學者最需要的基礎知識與操作步驟著墨較少。所以我就立下宏願：「要寫一本讓電腦初學者自己可以看得懂的，可以按部就班操作的電腦書。」

開始寫電腦使用教材之後，竟然發現，或許是因為心志的磨鍊、毅力的提升，或是生活困頓帶來的歷練，使得原本想不通的邏輯和解題方式，竟然逐漸變得豁然開朗，所以當時的感激之言是：「寫書，最初的受益者竟是作者本人，然後才是與讀者共享這份學習與成長的喜悅。」

寫書一定要懷抱菩提心，引導讀者快快樂樂進入資訊世界，作者務必要把所學所知傾囊相授，千萬不要把自以為是的 "祕技" 藏為己用。畢竟，在瞬息萬變的資訊時代，很多 "祕技" 在下一版更新時，便淪為平凡無奇的基本功能。

這份傳遞知識的初心，一直是文淵閣工作室代代相傳的信念，也是我們始終不變的堅持。

這本書 AI 生圖的基本教材，從 2022 年開始接觸 Midjourney，2023 年初在日本春節開始學習使用 Bing，接著開始探索 Copilot 和 Designer，到了 2024 年使用 ChatGPT，每日勤練圖像生成，書中每一張 AI 圖像，往往需經過十數次甚至更多次嘗試與調整。從提示詞的初步構想，到逐步修改，直至滿意為止。寫作時間的投入，與購買生圖工具的費用，說真的，在紙本書籍市場日漸蕭條的今天，撰寫這類 AI 生圖技術專書，幾乎註定入不敷出。幸運的是，我們在寫作過程中發現了無比的樂趣，以及與生俱來的使命感，更因讀者的厚愛與支持，讓我們得以順應時代潮流持續努力往前邁進。

一個年逾七旬的老書獃，經歷了電腦 8 位元、16 位元、32 位元到 64 位元，從大哥大到智慧型手機年代，從 CPU 到 GPU；從 Basic 到 Python，從 Office 到 Canva，從小畫家、ChatGPT、AI 生圖到 Sora 的驚人發展，這場科技革新宛如一部高速播放的電影，一幕幕場景飛逝眼前，這樣一個多彩多姿、充滿挑戰，甚至快得令人 迅雷不及掩耳 的時代，實在讓人驚嘆不已！

這一段多變的人生，倒像是小時候聽"港都夜雨"、"藍色的憂鬱"、"蘭花草"，進入中年人聽"一隻小雨傘"、"我的未來不是夢"、"青花瓷"，而到了如今的老人家聽"披星戴月的想你"、"廢到天亮"，然後到了 AI 作曲 Suno、DeepSeek…，一切如同走馬燈在耳邊流轉，又宛如世紀音樂會一般。

走筆至此,想到一首布袋和尚的〈插秧詩〉:

「手把青秧插滿田,低頭便見水中天;六根清淨方為道,退步原來是向前。」

身處 AI 資訊世界,唯有內心自省、廣種福田,方能在瞬息萬變的科技洪流中立足。日日低頭埋首電腦前,望見資訊世界如影似幻的變化,唯有心志專、內心清靜才能領悟資訊之道;心懷謙卑努力學習,看似步伐緩慢、毫無進展,實則是穩紮穩打,不走捷徑的前進之道啊!

「人生一世,草木一秋」。文淵閣工作室欣逢這個比科幻電影更精彩的 AI 資訊時代,心懷熱忱,無悔無憂,始終如一。秉持「寫好書,出好書」的踏實宗旨,代代相傳,繼續勇往直前!感謝大家的厚愛,有你的支持,文淵閣工作室的新書才能屢創佳績,廣受好評。

祝福大家 平安順心、生圖成功

七旬老叟 **鄧 文 淵** 謹識

2025 年 4 月 1 日

圖像	提示詞
	展示一個女藝術家在畫布上自由揮灑顏料，背景充滿光彩和創意的象徵元素，表現出敢於突破常規的精神。
	一幅超現實奇幻的插畫，一位中國古代英俊少年劍客，專注地望向遠方，穿著古代劍俠的衣物，左手拿刀揮舞一把寶劍，擺出向前揮刀的大俠架勢。周圍奇幻元素，包括武林秘笈、電腦鍵盤、手機、人工機械人、蒸汽龐克科幻人物。背景結合科技藍與冰冷的藍綠色，充滿細節的星空與城市廢墟，具有插畫、超現實與蒸汽龐克元素，營造出迷幻又神秘的氛圍。
	歐姬芙風格，異想天開，超現實奇幻風格插畫，一位台灣現代髮蒼蒼視茫茫戴著老花眼睛的拉邋老書呆坐在一張老椅子上，穿著老古板破舊服飾，左手拿中一本古書，坐在電腦前。周圍元素：AI生圖電腦，人工機器人，武林秘笈、手機、鍵盤、武林秘笈，生出很多奇幻圖像。背景是灰色色調的古老二手書舊書店，融合古典藝術風格，營造神秘滑稽的迷幻的氛圍。
	奈良美智針筆風格，詩意，侘寂，極簡，抽象，淡彩，加強「退步原來是向前」的禪意。主題人物：一名戴斗笠的男性農夫彎腰在田間插秧，動作專注而優雅。他的倒影清晰地映在水田中，與藍天白雲交相輝映，營造一種天地合一的意境。背景：遠處是一片青翠的山脈，雲霧繚繞。水田延伸至遠方，映射出如鏡般的天空，讓畫面呈現出禪詩中的「水中天」意象。色彩：使用柔和的水彩風格，色調以藍青綠為主。

從入門到平台探索

1 開啟 AI 繪圖創意新視界

- 1-1 說在前頭：學習 AI 繪圖正是時候 ... 1-2
- 1-2 什麼是 AIGC？ ... 1-6
  - 1-2-1 什麼是 "AI" 和 "AIGC"？ ... 1-6
  - 1-2-2 什麼是 "AI 生圖"？ ... 1-7
  - 1-2-3 AI 生圖的方法 ... 1-8
- 1-3 "提示詞"（Prompt）與撰寫要領 ... 1-9
  - 1-3-1 完整的 "提示詞工程"（Prompt Engineering）... 1-10
  - 1-3-2 初學者如何開始寫提示詞？ ... 1-12
  - 1-3-3 提示詞的字數限制 ... 1-16
  - 1-3-4 掌握提示詞強調的技巧與應用 ... 1-18
  - 1-3-5 中英提示詞使用時機與搭配 ... 1-20

2 中文提示詞的撰寫技巧

- 2-1 心想畫成：尋找提示詞靈感 ... 2-2
  - 2-1-1 從觀察到創作優化提示詞 ... 2-2
  - 2-1-2 心情抒發和情境描寫提示詞 ... 2-4
  - 2-1-3 商業設計產品廣告提示詞 ... 2-5
  - 2-1-4 名家散文提示詞 ... 2-6
  - 2-1-5 古代詩詞提示詞 ... 2-8
- 2-2 圖像風格提示詞 ... 2-12
  - 2-2-1 AI 圖像會採用哪種風格？ ... 2-12
  - 2-2-2 藝術風格 ... 2-16
  - 2-2-3 數位藝術風格 ... 2-18

ix

ChatGPT 從圖像分析到創作優化的全能助手

- 3-1 認識 ChatGPT 3-2
  - 3-1-1 ChatGPT 是什麼？ 3-2
  - 3-1-2 ChatGPT 圖像生成特點 3-2
  - 3-1-3 ChatGPT 與 Copilot 圖像生成比較 3-2
- 3-2 開始使用 ChatGPT 3-3
  - 3-2-1 進入 ChatGPT 3-3
  - 3-2-2 ChatGPT 畫面認識 3-4
  - 3-2-3 聊天式生成圖像 3-5
  - 3-2-4 編修圖像指定範圍 3-8
- 3-3 以圖生圖改變圖像風格 3-11
- 3-4 以文生圖掌握生成圖像要領 3-14
  - 3-4-1 以文生圖優點 3-14
  - 3-4-2 以文生圖的要領 3-14
  - 3-4-3 版權年限限制 3-14
  - 3-4-4 套用被限制的藝術家風格 3-15
  - 3-4-5 ChatGPT 圖像生成的擅長主題 3-16
- 3-5 分析照片、生成和編修提示詞 3-22
  - 3-5-1 以照片生成提示詞 3-22
  - 3-5-2 以提示詞生成圖像確認視覺效果 3-23
  - 3-5-3 以照片搭配提示詞生成圖像 3-23
  - 3-5-4 替換尺寸及風格 3-24
- 3-6 ChatGPT 協助撰寫、修改和簡化提示詞 3-25
  - 3-6-1 ChatGPT 協助生成提示詞 3-25
  - 3-6-2 提示詞生成圖像 3-25
  - 3-6-3 提示詞修改圖像 3-26
  - 3-6-4 加入藝術風格並簡化提示詞 3-26
- 3-7 再現舊圖模樣，更改提示詞 3-27
  - 3-7-1 以原提示詞生成 3-27
  - 3-7-2 生成近乎一致的圖像 3-28
  - 3-7-3 更改提示詞生成圖像 3-29

3-8 融合角色、風格、對話與 AI 的視覺創作 ... 3-30
- 3-8-1 上傳指定色彩組合設計手繪草稿 ... 3-30
- 3-8-2 依人物照片及背景圖像生成似顏繪 ... 3-32
- 3-8-3 依寵物照片製作 Line 貼圖 ... 3-33
- 3-8-4 中文情境對話繪本設計 ... 3-37
- 3-8-5 製作流程圖 ... 3-38
- 3-8-6 製作圖文宣導海報 ... 3-38

4 MS Copilot 聊天式圖像生成

4-1 認識 Microsoft Copilot ... 4-2
- 4-1-1 Microsoft Copilot 是什麼？ ... 4-2
- 4-1-2 Copilot 圖像生成特點 ... 4-2
- 4-1-3 Copilot 與 Designer 圖像生成比較 ... 4-2

4-2 開始使用 Microsoft Copilot ... 4-3
- 4-2-1 進入 Copilot 聊天室 ... 4-3
- 4-2-2 Copilot 畫面認識 ... 4-4

4-3 Microsoft Copilot 圖像生成入門 ... 4-6
- 4-3-1 聊天式生成圖像 ... 4-6
- 4-3-2 提示詞替換圖像風格 ... 4-10

5 MS Designer 多元化應用

5-1 認識 Microsoft Designer ... 5-2
- 5-1-1 Designer 是什麼？ ... 5-2
- 5-1-2 Designer 圖像生成特點 ... 5-2
- 5-1-3 Designer 與 Bing 圖像生成比較 ... 5-2

5-2 開始使用 Microsoft Designer ... 5-3
- 5-2-1 進入 Designer 首頁 ... 5-3
- 5-2-2 Designer 首頁畫面認識 ... 5-4

5-3　Microsoft Designer 圖像生成入門 5-5
5-3-1　進入 AI 圖像生成畫面 5-5
5-3-2　輸入提示詞生成圖像 5-6
5-3-3　套用範本生成圖像 5-7
5-3-4　圖像下載、傳送至手機 5-8
5-3-5　管理生成的圖像和專案 5-9

5-4　Microsoft Designer 快速上手 5-12
5-4-1　輸入提示詞生成手機桌布 5-12
5-4-2　範本生成手機桌布 5-14

5-5　實用技巧 - 圖像生成結合文字設計 5-18
5-5-1　套用邀請函範本生成 5-18
5-5-2　認識編輯畫面 5-22
5-5-3　編輯邀請函文字 5-22
5-5-4　下載檔案 5-27
5-5-5　在"我的專案"中查看 5-27

6　MS Bing 激發靈感

6-1　認識 Microsoft Bing 6-2
6-1-1　Microsoft Bing 是什麼？ 6-2
6-1-2　Bing "影像建立工具" 圖像生成特點 6-2

6-2　開始使用 Microsoft Bing "影像建立工具" 6-3
6-2-1　進入 Bing "影像建立工具" 6-3
6-2-2　Bing "影像建立工具" 畫面認識 6-4

6-3　Microsoft Bing "影像建立工具" 圖像生成入門 6-5
6-3-1　輸入提示詞生成圖像 6-5
6-3-2　變更圖像尺寸 6-6
6-3-3　圖像生成儲存管理 6-7
6-3-4　下載生成的圖像 6-10

6-4　Microsoft Bing 探索、收藏靈感圖像 6-12
6-4-1　主題式儲存、搜尋圖像 6-12
6-4-2　探索集錦相似風格 6-17

實現進階應用

7 多樣風格融合創作

- 7-1 發想風格提示詞 7-2
  - 7-1-1 視覺風格的組成 7-2
  - 7-1-2 廣為人知的風格如何組成 7-9
  - 7-1-3 影響風格呈現的因素 7-10
- 7-2 簡單水彩風格：軟萌小女孩 7-16
  - 7-2-1 簡單水彩風格示範 7-16
  - 7-2-2 替換簡單水彩風格 7-17
- 7-3 粉彩粗糙極簡風格：漂浮小男孩 7-19
  - 7-3-1 粉彩粗糙極簡風格示範 7-19
  - 7-3-2 替換粉彩粗糙極簡風格 7-20
- 7-4 潦草簡筆速寫風格：天真小男孩 7-22
  - 7-4-1 潦草簡筆速寫風格示範 7-22
  - 7-4-2 替換潦草簡筆速寫風格 7-23
- 7-5 敦煌壁畫風格：優雅仕女 7-25
  - 7-5-1 敦煌壁畫風格示範 7-25
  - 7-5-2 替換敦煌壁畫風格 7-26
- 7-6 水墨寫意渲染風格：逗趣小老頭 7-28
  - 7-6-1 水墨寫意渲染風格示範 7-28
  - 7-6-2 替換水墨寫意渲染風格 7-29
- 7-7 簡單水墨風格：超仙嫦娥 7-31
  - 7-7-1 簡單水墨風格示範 7-31
  - 7-7-2 替換簡單水墨風格 7-32
- 7-8 夢幻芭蕾插畫風格：貓咪與芭蕾舞伶 7-34
  - 7-8-1 夢幻芭蕾插畫風格示範 7-34
  - 7-8-2 替換夢幻芭蕾插畫風格 7-35

- 7-9 水墨侘寂風格：燕子 7-37
  - 7-9-1 水墨侘寂風格示範 7-37
  - 7-9-2 替換水墨侘寂風格 7-38
- 7-10 水彩代針筆線條風格：女孩與狗 7-40
  - 7-10-1 水彩代針筆線條風格示範 7-40
  - 7-10-2 替換水彩代針筆線條風格 7-41
- 7-11 插畫風格：戀愛情侶 7-43
  - 7-11-1 情人節主題 7-43
  - 7-11-2 替換日系插畫風格 7-44

8 極簡短提示詞

- 8-1 一句話生成圖像 8-2
  - 8-1-1 簡短提示詞的特色 8-2
  - 8-1-2 詳細提示詞的特色 8-2
  - 8-1-3 簡短與詳細提示詞大比拼 8-3
  - 8-1-4 簡短提示詞搭配技巧 8-3
- 8-2 童趣天真藝術：閱讀小女孩 8-4
  - 8-2-1 童趣天真藝術示範 8-4
  - 8-2-2 替換"閱讀小女孩" 8-5
- 8-3 風元素：搖曳生姿的女人 8-7
  - 8-3-1 風元素示範 8-7
  - 8-3-2 替換"搖曳生姿的女人" 8-8
- 8-4 童話插畫風格：魔幻森林 8-10
  - 8-4-1 童話插畫風格示範 8-10
  - 8-4-2 替換"魔幻森林" 8-11
- 8-5 民間藝術：歡樂愛爾蘭 8-13
  - 8-5-1 民間藝術示範 8-13
  - 8-5-2 替換"歡樂愛爾蘭" 8-14
- 8-6 莫迪里安尼風格：紅衣女孩 8-16

	8-6-1	莫迪里安尼風格示範	8-16
	8-6-2	替換"紅衣女孩"	8-17
8-7	詭譎壓抑：童話世界		8-19
	8-7-1	詭譎壓抑風格示範	8-19
	8-7-2	替換童話世界	8-20
8-8	雷諾瓦風格：漂浮女子		8-22
	8-8-1	雷諾瓦風格示範	8-22
	8-8-2	替換"漂浮女子"	8-23
8-9	密集重複：樹葉堆		8-25
	8-9-1	密集重複示範	8-25
	8-9-2	替換"樹葉堆"	8-26
8-10	比亞茲來風格：紅衣舞女		8-28
	8-10-1	比亞茲萊風格示範	8-28
	8-10-2	替換"紅衣舞女"	8-29
8-11	慕夏風格：華麗瞬間		8-31
	8-11-1	慕夏風格示範	8-31
	8-11-2	替換"華麗瞬間"	8-32
8-12	禪繞畫：鯨魚海浪		8-34
	8-12-1	禪繞畫示範	8-34
	8-12-2	替換"鯨魚海浪"	8-35
8-13	塔羅牌風格：長髮女祭司		8-37
	8-13-1	塔羅牌風格示範	8-37
	8-13-2	替換"長髮女祭司"	8-38

9 商業設計圖像

9-1	品牌與行銷設計		9-2
	9-1-1	品牌 Logo	9-2
	9-1-2	會議簡報圖像	9-5
	9-1-3	活動宣傳圖像	9-6

9-2　遊戲概念設計 9-9
　　9-2-1　設計遊戲場景 9-10
　　9-2-2　設計遊戲人物 9-13
　　9-2-3　設計遊戲介面 9-17
9-3　服飾搭配設計 9-20
　　9-3-1　職場服飾 9-20
　　9-3-2　休閒服飾 9-21
　　9-3-3　禮服 9-22
　　9-3-4　街頭童裝 9-23
　　9-3-5　親子運動服飾 9-23
　　9-3-6　民族元素服飾 9-24

10　藝術風格之應用

10-1　藝術風格對 AI 繪圖的影響 10-2
　　10-1-1　藝術風格應用範例解析 10-2
10-2　初學者要知道的藝術風格 10-8
　　10-2-1　西方藝術風格 10-8
　　10-2-2　東方藝術風格 10-11
10-3　初學者要知道的藝術家 10-14
　　10-3-1　認識世界著名藝術家有哪些幫助？ 10-14
　　10-3-2　AI 圖像生成初學者首先要認識的著名藝術家 10-15
　　10-3-3　黑白水墨風格要如何變成彩色的？ 10-19
10-4　特殊藝術風格生成技巧 10-22
　　10-4-1　日本畫家風格 10-22
　　10-4-2　壁畫風格 10-24
10-5　藝術風格助力視覺表現 10-27
　　10-5-1　從內容描繪到意境傳達 10-27
　　10-5-2　情境轉換 10-28
　　10-5-3　現代與未來科幻的交織 10-29

10-6	藝術風格合併使用技巧		10-33
	10-6-1	合併西方藝術運動與水墨畫家風格	10-33
	10-6-2	合併現代主義畫家與水墨畫家風格	10-34
	10-6-3	合併多個藝術風格	10-35

11 揭開 Sora AI 影片創作的魔法

11-1	認識 Sora		11-2
	11-1-1	Sora 是什麼？	11-2
	11-1-2	Sora 影片生成特點	11-2
11-2	開始使用 Sora		11-3
	11-2-1	進入 Sora	11-3
	11-2-2	Sora 畫面認識	11-4
11-3	新手操作		11-5
	11-3-1	藉由提示詞與照片生成影片	11-5
	11-3-2	用故事板規劃劇情走向	11-6
	11-3-3	上傳圖像於故事板生成影片提示詞	11-8
	11-3-4	調整提示詞後生成影片	11-10
	11-3-5	下載生成的影片	11-11
11-4	實用技巧 - 循環播放與混合影片		11-13
	11-4-1	設計無縫銜接迴圈影片效果	11-13
	11-4-2	混合兩部影片創建全新轉場效果	11-14
11-5	用 Canva 剪輯生成影片		11-18
	11-5-1	建立新專案	11-18
	11-5-2	上傳並插入影片	11-19
	11-5-3	加入背景音樂	11-20

A 藝術風格總整理
從經典到未來的無限創意

從入門到
平台探索

AI 繪圖的時代已然來臨,無論是藝術創作還是商業應用,它都為我們帶來了無限的可能性與創意空間。本篇章將引導你快速掌握 AI 繪圖的核心技法,開啟智慧設計與創作的新視界。

重點導讀

本篇（01~06 章）帶你全面了解 AI 繪圖的基礎知識與多平台應用，從 AIGC 的核心概念到中文提示詞的撰寫技巧，並深入探索 ChatGPT、MS Copilot、Designer 和 Bing…等工具的特性與實用場景。

1 AI 繪圖的核心概念與發展
- 認識 AIGC（AI 生成內容）的技術背景與應用場景。
- 深入理解 AI 生圖的運作方式與方法。

2 中文提示詞的撰寫與應用技巧
- 中文提示詞與 Prompt Engineering 的基礎概念。
- 如何撰寫有效的提示詞，包含字數、重複使用與強調技巧。
- 中英文提示詞的適用情境與優劣勢分析。

3 主流 AI 繪圖工具全解析
- ChatGPT：如何利用對話生成圖像輔助創作。
- Microsoft Copilot：多功能聊天生成的圖片操作方法。
- Microsoft Designer：靈活應用於創意與商業設計場景。
- Microsoft Bing：作為靈感激發工具的操作與特性。

4 平台優勢與特色
- 說明各平台的優勢與特色，選擇適合的工具組合。

開啟 AI 繪圖創意新視界

我們正處於影像與科技融合的時代中，AI 已然成為創作流程中的一部分。這個章節將帶領你探索 AI 繪圖的世界，以及提示詞的基礎觀念。從基本概念開始，逐步拆解提示詞的結構，離「理想中的那張圖」更進一步！

1-1 說在前頭：學習 AI 繪圖正是時候

親愛的 AI 繪畫初學者：

每一個人心中都曾懷抱一份渴望，想要畫出那幅屬於自己內心深處的夢想作品，在以往，這是一個必須經歷漫長學習過程的過程，還需具備與生俱來的天份，才能畫有所成。以前要當一位"畫家"必須經過千錘百鍊，現在要當"話家"真的只要出一張嘴說一句提示詞，一幅美侖美奐的作品很快就可以生成，甚至令人嘆為觀止，這就是 AI 時代來臨帶給普羅大眾的利多，因此何樂而不為呢？

踏上這條充滿創意與探索的道路，好奇心和上進心將成為最強大的推動力。每一次的創作都是一種學習，不僅是對技術的掌握，更是對自我表達和內心世界的探索。當遇到挑戰時，請記住，所有的藝術大師都曾是初學者。他們透過無數次的嘗試、錯誤和不懈的努力，最終找到了屬於自己的風格。

在這個充滿無限可能的數位時代，AI 繪畫為大家打開了一扇通往無限創意的門。不要害怕實驗與創新，勇敢地打破常規，讓靈感在畫布上自由舞動。無論結果如何，讓 AI 成為你的創意夥伴，帶你探索更多未知的藝術世界。

相信自己的潛力，珍惜這段學習的旅程。未來屬於勇於挑戰自我、不懈追求進步的人。每一筆畫、每一個想法，都是通向成功的階梯。勇敢前行吧，讓你的藝術世界充滿光彩和生機！

透過 AI 繪圖，將創意與想像轉化為可見的精彩：

1. 生活應用：能為日常生活增添創意，提供獨特的裝飾設計，或用於個性化禮物的創作，如家庭照片轉插畫、節日賀卡設計…等。

2. 職場應用：AI 繪圖能快速生成高質量的提案視覺稿，讓想法更具說服力，特別適合需要快速交付設計的提案、簡報或市場營銷活動。

3. 協助設計師：AI 繪圖能提供多元風格靈感，解決設計師的創意瓶頸，同時可嘗試多種風格轉換，助力快速迭代設計方案，提升創作效率。

4. 模擬與拓展：AI 繪圖能模擬不同光影效果或構圖靈感，幫助拓展創作邊界，並進一步提升作品的細節與完整度，為藝術創作注入更多可能性。

此外要說明的是，"AI 生圖"和"AI 繪圖"的差異，主要來自於人工智慧生成圖像的技術特性和中文說法的不同理解。

◈ **生圖**：為"生成圖像"(image generation) 的簡稱，指使用 AI 生成式模型創造圖像的過程。生成的圖像風格和效果是 AI 模型訓練結果的呈現，而非純手工繪畫。"生成"一詞強調的是"從無到有"，即 AI 可以依據用戶描述或指令創造出全新圖像，因而稱為"AI 生圖"。

▲ AI 生圖提示詞：水彩細膩風格，日本廣島之在海上眺望紅色鳥居與嚴島神社。

▲ AI 生圖提示詞：浮世繪風格，異想天開，日本廣島之在海上眺望紅色鳥居與遠方的嚴島神社，海水正藍，天空一條大鯨魚。

◈ **繪圖**：(Drawing) 傳統上指的是手工繪畫或人為創作的過程，強調的是"手繪"或"畫圖"的藝術性與創造性。而生成圖像則更偏向於數據驅動的機器生成過程，強調透過算法和模型產生圖像，而非手工"繪製"。因此，對 AI 創作的結果，用"生圖"來描述會更為貼切。

▲ 李淑玲手繪作品：日本廣島之嚴島神社海上遠眺。

以下面三個方向作為勉勵大家學 AI 繪圖之創作靈感：

1. **勇敢創新**

圖像可以展示藝術家在畫布上自由揮灑顏料，背景充滿光彩和創意的象徵元素，表現出敢於突破常規的精神。

2. **逐夢之路**

圖像可以描繪一條通往光明未來的道路，兩旁佈滿象徵創意和學習的元素，如畫筆、顏料、AI 圖像生成器…等，展現出藝術家在不懈努力中逐步接近夢想的過程。

3. **自信與成長**

圖像可以呈現藝術家從幼苗成為大樹的過程，樹葉上描繪著過去的每一次創作，象徵著在不斷學習與創作中成長的自信與力量。

這些提示詞可以幫助創作出具有勵志意義的圖像，激勵 AI 繪畫初學者勇敢追尋自己的藝術夢想。

1-2 什麼是 AIGC？

1-2-1 什麼是"AI"和"AIGC"？

- **AI**：(Artificial Intelligence) 即人工智慧，指由人類創造的機器或電腦，能夠模仿人類思考、決策並解決問題。例如：AI 可以像人一樣玩遊戲、回答問題、甚至幫助畫圖。AI 透過學習大量資料進行分析與推理，就像人類利用頭腦進行思考一樣，具備自動處理和創造的能力。

  想像一下，當你做功課時，智能機器人助手可以幫助解答問題；或無聊時，它可以推薦適合的遊戲或故事，為你的生活增添便利與樂趣。

- **AIGC**：AI（人工智慧）+ Generated（生成的）+ Content（內容）的縮寫，意指由人工智慧生成的內容，例如圖像、音樂、故事…等。AIGC 使用學習到的資料進行創作，就像你用畫筆創作一樣。它是一種專門用於內容創作的 AI 技術。

  想像一下，如果你想要一幅屬於自己的動物園圖畫，只需告訴 AIGC 你的想法，它會幫你生成一幅圖畫，實現你的創意夢想。

1-2-2 什麼是"AI 生圖"？

"AI 生圖"是指使用人工智慧（AI）技術，透過電腦或手機依據輸入的描述（提示詞）生成圖像的過程。

例如，你輸入「一隻白貓坐在草地上」，AI 會依據這個指令生成一張有白貓和草地的圖像。這個過程中，電腦會依據學習的知識來理解你的描述並創作出一幅圖畫。這種技術讓我們可以用文字來創造想要的圖像，非常有趣也很實用！

下面這二張都是依據描述生成的圖像，展示了一隻白貓安靜地坐在綠色草地上。左邊是 ChatGPT 的生圖，右邊是 Bing 的生圖，不同的生成工具創作出的圖像風格也會有所不同。

> **NOTE**
>
> 即使在同一平台上使用相同的提示詞再次生成圖像，結果也不會完全相同。這是因為 AI 在生成圖像時具有一定的隨機性，而且跟 AI 訓練模型息息相關。此外，AI 對提示詞的解讀每次可能略有不同，尤其是許多生成工具會將中文提示詞翻譯成英文後再執行生圖過程。因此，不會有完全相同的圖像產生。

1-2-3　AI 生圖的方法

現在常見的 AI 生圖方法主要有以下幾種：

◆ **以文生圖 (Text-to-Image)**：是指 AI 藉由一段描述文字創作出符合描述的圖像。這種方法靈活多變，可用於創作各種風格的圖像。

提示詞：一位穿著紅色裙子的小女孩在公園裡玩球。

➡ **結果**：AI 會生成一位穿著紅色裙子小女孩在公園裡玩球的圖像，完整呈現文字所描述的場景。

◆ **以圖生圖 (Image-to-Image)**：是指 AI 藉由一張圖像生成一張新圖像。這種方法可以更快速的將圖像轉換成不同風格或效果的 AI 圖像。

原圖與提示詞：上傳一張風景圖像，提示詞：「轉換為卡通風格」。

➡ **結果**：AI 可以將這張風景圖像轉換為卡通風格的圖像。

1-3 "提示詞"（Prompt）與撰寫要領

"提示詞"就是用來告訴 AI 你希望生成什麼樣的圖像的文字描述。就像是給電腦一個指令，明確說明想看到的圖像內容。提示詞越清楚，AI 生成的圖像就越符合你的期望。撰寫提示詞的要領：

◈ **清晰具體**：提示詞需要清楚地描述圖像內容，包括主題、物件、場景、重要特徵⋯等，例如：「一隻橙色虎斑貓，坐在窗台上，抬頭望著星空，窗外有閃爍的星星」。

◈ **藝術風格說明**：加入特定的藝術風格，可以強調生成圖像的視覺效果，例如：「印象派風格的橙色虎斑貓，坐在窗台上，星空用模糊的筆觸呈現，色彩溫暖且柔和」。

◈ **細節要求**：補充細節可以增加圖像的豐富性與真實感，包含光影效果、顏色⋯等，例如：「印象派風格的橙色虎斑貓，坐在帶有花紋窗簾的窗台上，窗外的星空呈現漸層藍色，滿月散發柔和光輝，貓的眼睛映出星光，窗台上還有一本翻開的舊書」。

1-3-1 完整的"提示詞工程"（Prompt Engineering）

完整的提示詞格式通常被稱為"Prompt Engineering"（提示詞工程），在 AI 生成圖像或文本時，提示詞的結構和組織非常重要。完整的提示詞格式可以包含以下幾個部分：

- **主題 (Theme / Subject)**：這是提示詞的核心，決定了圖像的主題或文本的主要內容。主題應該清晰明確，以便 AI 能夠準確理解和生成相關內容。

- **前景修飾語 (Foreground Modifiers)**：這部分用來強調圖像或文本的關鍵特徵和元素，通常放在提示詞的前面，確保 AI 優先處理這些內容。

- **主體描述 (Main Subject Description)**：這是對主題的具體描述，包括主要的場景、人物或物體。這部分是提示詞的核心，提供了 AI 生成圖像或文本所需的關鍵訊息。

- **後景修飾語 (Background Modifiers)**：這部分用來增加場景或文本的細節和背景訊息，通常是次要的，但可以增強圖像的深度和豐富性。

- **風格 / 媒介 (Style / Medium)**：這部分描述希望生成的圖像或文本應該具有的藝術風格或媒介特徵，例如：油畫風格、透明水彩技法或新聞報導風格…等。

- **情感氛圍 (Emotional Tone / Mood)**：這部分描述希望圖像或文本傳達的情感或氛圍，例如：浪漫、憂鬱或歡樂…等。

範例提示詞：在一片清晨的神秘森林中，柔和的晨光穿透茂密的樹叢，地面覆蓋著青苔和落葉，空氣中瀰漫著淡淡的薄霧。一頭優雅的梅花鹿佇立在小溪旁，低頭輕啜清澈的溪水，周圍點綴著晶瑩的水珠。遠方，高聳的古老樹木隨風輕輕搖曳，背景隱約可見一座被綠藤覆蓋的石橋，整幅畫面充滿寧靜與自然的和諧之美，展現了夢幻寫實風格的細膩與光影交織的魅力。

【分析】

- **主題**：清晨的神秘森林。

- **前景修飾語**：茂密的樹叢交錯生長，枝葉間透出柔和的晨光，地面覆蓋著青苔和落葉，空氣中瀰漫著淡淡的薄霧。

- **主體描述**：一頭優雅的梅花鹿站在森林的小溪旁，低頭輕啜清澈的溪水，牠的周圍散落著晶瑩的水珠。

- **後景修飾語**：遠處有高聳的古老樹木，葉片隨風微微搖曳，背景中隱約可見一座被綠藤覆蓋的石橋。

- **風格／媒介**：夢幻寫實風格，注重光影變化與細膩的自然細節，展現柔和的色彩層次。

- **情感氛圍**：寧靜、神秘且充滿自然和諧之美。

CHAPTER 1　開啟 AI 繪圖創意新視界

1-11

1-3-2 初學者如何開始寫提示詞？

寫提示詞對初學者來說確實是一個挑戰，可能不確定該從哪裡開始，也不清楚該如何描述自己的想法。以下是幾個簡單的要訣，可以幫助初學者們學會寫提示詞，並更有信心地開始創作。

要訣一：從簡單描述開始

初學者可以從簡單的描述開始，不需要一開始就寫得很複雜。首先，想像你要畫什麼，然後用最簡單的詞語描述這個場景或物件。例如：你想畫一大棵樹，那麼你可以從"一棵樹"開始，然後逐步增加細節。

1. 提示詞：一棵大樹。

   說明：這個簡單的提示詞會讓 AI 生成一棵普通的大樹。

2. 提示詞：一棵大樹在陽光下。

   說明：增加了描述，AI 生成一棵在陽光下的大樹，畫面更具光影效果。

3. 提示詞：一棵大樹在陽光下，樹下有一張木椅。

   說明：現在畫面中不僅有大樹，還有一張樹下的木椅，場景變得更加完整。

4. 提示詞：一棵大樹在陽光下，樹下有一張木椅，木椅上有一位小女孩，小女孩旁有一隻小貓。

   說明：在已完整的場景中再加入木椅上的小女孩，小女孩旁有一隻小貓。

● NOTE 提示詞的具體性與生成結果的多樣性

即大樹、椅子、小女孩和小貓這是非常具體的提示詞，因此生成的圖像一定會包含這些物件。然而，椅子、小女孩和小貓的形狀、大小或細節可能會有所差異，這取決於 AI 對提示詞的理解和生成過程中的隨機性。如下圖所示：

要訣二：想像你正在告訴 AI 怎麼畫

要想像是在告訴朋友或 AI 如何畫一幅畫。從背景開始，再描述主體，最後添加細節，提示詞就像是在一步步指導 AI 完成畫作。

1. **提示詞**：一杯冰涼檸檬水。

2. **提示詞**：一杯冰涼檸檬水在雪堆中。

3. **提示詞**：一杯冰涼檸檬水在雪堆中，背景中有北極熊。

要訣三：使用"誰、做什麼、在哪裡"的結構

這個結構可以幫助你清晰地描述與組織提示詞。告知 AI"誰"是主角、"做什麼"動作、場景"在哪裡"，讓 AI 更準確地生成符合期待的圖像。

1. 提示詞：一位亞洲男孩。
2. 提示詞：一位亞洲男孩在踢足球。

3. 提示詞：一位亞洲男孩在公園裡踢足球。
4. 提示詞：一位亞洲男孩在公園裡踢足球，柔和的陽光從樹梢灑下，周圍有其他小孩在玩耍。

總結

初學者在寫提示詞時，可以從簡單的描述開始，再逐步增加細節，採用"誰、做什麼、在哪裡"的結構來組織內容，幫助 AI 更準確理解需求。這種能讓你逐步學會如何清晰表達想法，並生成更符合預期的圖像。透過反覆練習和多樣範例，你將熟練掌握提示詞撰寫的核心技巧，為創作打下堅實基礎。

1-3-3 提示詞的字數限制

提示詞的字數過長或過短都可能影響生成效果。如果提示詞太複雜或字數過多時，最先被忽略掉的是哪些？

提示詞的字數限制

AI 生成圖像時，提示詞的字數可能受到系統限制，不同 AI 平台對最大字數的規定略有不同。一般建議將提示詞控制在 150 到 200 個中文字以內。過長的提示詞可能會降低 AI 的處理效率，甚至忽略關鍵信息，影響生成結果的準確性。

如果提示詞太長或太複雜時，AI 的處理方式

當提示詞過長或太複雜時，AI 處理時會優先聚焦於主題和前景的關鍵描述，而較易忽略後景修飾語或次要細節。此外，描述中出現的多餘細節或次要的修飾語也可能會被忽略，以確保能夠生成符合主題的主要內容。

三種不同長短提示詞實例

◆ **短提示詞 (約 50 個中文字)**

提示詞：夕陽下的海灘，一位穿著白色長裙的女孩，站在沙灘上，背對著大海，風輕輕吹起她的裙角。

說明：這個提示詞簡短而集中，描述了場景、人物和動作。AI 可以輕鬆理解並生成圖像。

◆ **中等長度提示詞 (約 100 個中文字)**

提示詞：在夕陽的餘暉下，一位穿著白色長裙的女孩站在金色沙灘上，背對著波光粼粼的大海，輕風拂過她的長髮和裙角，海邊有幾隻海鷗在空中盤旋，遠處的天空被染成橙紅色。

說明：這個提示詞增加了海鷗和天空的描述。AI 仍然能夠處理這樣的提示詞。

◆ **長提示詞 (約 200 個中文字)**

提示詞：在夕陽的餘暉下，一位穿著白色長裙的女孩站在金色沙灘上，背對著波光粼粼的大海，輕風拂過她的長髮和裙角，海邊有幾隻海鷗在空中盤旋，遠處的天空被染成橙紅色，幾艘漁船在海面上漂浮，沙灘上還散落著一些五顏六色的貝殼，女孩的手中捧著一束鮮花，這些花朵色彩鮮豔，在夕陽的映照下顯得格外迷人，背景中的山巒與海岸線交織出一幅美麗的風景畫。

說明：這個提示詞非常詳細，描述了非常多的細節。AI 可能會忽略掉一些次要細節，比如貝殼的顏色、花朵的種類或背景中的山巒細節，尤其是在運算資源有限的情況下。最先被忽略的通常是後景修飾語和一些較為細微的背景細節。

總結

當提示詞過長或太複雜時，AI 會優先處理主體描述和前景修飾語，而次要細節或後景修飾語可能會被忽略。因此，撰寫提示詞時，需權衡關鍵要素與細節，確保重要內容被優先生成。至於要如何表現這些被忽略的細節呢？請往下看！

1-17

1-3-4 掌握提示詞強調的技巧與應用

上一個例子由於提示詞太長，部分細節無法表現出來。這時透過特定方式對關鍵詞或描述進行強調，以引導 AI 更加關注這些元素，生成符合期望的圖像。

這種技術稱為 Prompt Emphasis（提示詞強調），透過重複描述關鍵元素、使用符號或標記、調整描述順序…等方式，可以讓 AI 更加重視這些元素，從而在生成圖像時突出並優先處理，以提高細節的表現。

◆ **範例一**

調整描述順序：將"沙灘上散落著一些五顏六色的貝殼"描述放在提示詞的開頭或關鍵位置。

提示詞：在夕陽的餘暉下，沙灘上散落著一些五顏六色的貝殼，一位穿著白色長裙的女孩站在金色沙灘上，背對著波光粼粼的大海，輕風拂過她的長髮和裙角，海邊有幾隻海鷗在空中盤旋，遠處的天空被染成橙紅色。

說明：透過調整提示詞描述順序，將"五顏六色的貝殼"置於開頭關鍵位置，再引導至女孩和大海的場景，確立與強化主要視覺焦點。

◆ **範例二**

重複描述：強調關鍵元素的另一種方式，可重複描述關鍵元素，讓 AI 認為該元素很重要，對於需要突出特定細節或效果的場景非常有用。

無重複提示詞：冬天的森林裡，白雪覆蓋著地面，樹枝上積滿了雪，幾隻鹿在樹間漫步，天空中飄著雪花。

重複提示詞：冬天的森林裡，白雪覆蓋著地面，白雪覆蓋著樹枝，雪花不停地飄落，幾隻鹿在雪中漫步。

說明：重複"白雪"和"雪花"可以讓 AI 生成時加強這些元素的表現，圖像會呈現更強烈的冬季氛圍和雪景細節。

◎ **NOTE 注意事項**

› 重複次數不宜過多，以免導致生成過於偏重某一細節而忽略整體效果。
› 可結合其他強調方式（如符號或語序調整）達到更平衡的表現。

1-3-5 中英提示詞使用時機與搭配

使用 AI 生圖工具時，中文和英文提示詞的雖語意相近，但可能對生成結果產生不同影響，這取決於工具的訓練語言數據和模型特性。以下為兩者的差異說明。

> 中文提示詞

中文提示詞在生成與東方文化或審美相關的內容時，通常更具優勢，例如：中式風格設計、傳統建築、中式古典服飾…等。中文提示詞還可能更精確地捕捉中文表達中的微妙情感與意境，特別是當提示詞涉及到具體的文化元素時。

適用工具：

- **ChatGPT**：支援中文提示詞，可以生圖與針對細節修圖。
- **Microsoft Copilot**：支援中文提示詞，以對話與聊天的方式生圖。
- **Microsoft Designer**：支援中文提示詞，生成圖像後可套用範本設計。
- **Microsoft Bing**：支援中文提示詞，可以將生成的圖像分類整理。
- **Dreamina 即夢**：支援中文提示詞，可以選定生成的圖像"加入珍藏"。

> 英文提示詞

英文提示詞在大多數 AI 生圖工具中效果更穩定，特別是在通用主題、抽象概念及國際化場景中，由於基於英文訓練，生成結果更精確流暢，且可處理更複雜的語言結構。

適用工具：

- **DALL-E**：主要基於英文訓練的圖像生成模型，英文提示詞理解最佳。
- **Stable Diffusion**：英文提示詞生成效果較好，支援高度定制化，適合有技術能力的開發者或專業設計師。
- **Midjourney**：支援多語言，但對英文提示詞的解讀仍然是最強的，注重藝術表現力，擅長生成夢幻、超現實和高藝術感的圖像。

> 中、英提示詞搭配應用

有些看似平常的中文，在執行生圖時卻出現不正確的圖像，例如：

1. **提示詞**：「孩子們喜歡在公園裡盪鞦韆。」

   所生成的圖像不對，因為生圖工具不知道或誤解 "盪鞦韆" 的意思，這時就要加上英文 swing on the swings，這樣就可以讓 AI 理解該提示內容。

2. **提示詞**：孩子們喜歡在公園裡盪鞦韆 swing on the swings

TIPS 英文提示詞優化 AI 生成結果

隨著 AI 技術的不斷進步，未來或許 AI 工具能更精準地理解並改進對某些中文詞句的支援。然而，目前的原則仍然不變：當工具無法準確理解中文提示詞時，補充英文描述能讓生成結果更符合期待。例如，描述亞洲特有動物如：台灣黑熊 (Taiwan black bear) 或台灣藍鵲 (Taiwan blue magpie)，有時可能需要加入英文來輔助理解。此外，涉及世界藝術家姓名、國外地名、戲曲名稱…等，若僅用中文無法達到效果，也可以在中文後補充英文以提高生成準確性。

🧊 單元練習

一、依下圖寫出異想天開又能讓自己驚喜的中文提示詞。

從入門到平台探索

星光獨角獸

_____

_____ 。

懷舊餐廳貓老闆

_____

_____ 。

參考答案

① 背景閃耀著星光的獨角獸，擁有紫色、藍色的鬃毛，穿越雲朵，在廣大又深黑的浩瀚宇宙。

② 體型非常壯的英國短毛貓打扮成餐廳服務員，有精神的站在一家復古風格的中式餐廳門口等待客人點餐，穿著棕色圍裙，餐廳內部裝潢為木質桌椅和古早味氛圍，牆上掛著手寫的菜單。

1-22

二、依撰寫提示詞的三項要領：清晰具體的描述圖像內容、藝術風格說明、細節要求，為下面四圖寫出不同情境的中文提示詞。

小貓咖啡館下午茶

圖像內容：_____。

藝術風格說明：_____。

細節要求：_____。

太空中派對

圖像內容：_____。

藝術風格說明：_____。

細節要求：_____。

參考答案

◆ 圖像內容：
幾隻可愛的小貓穿著圍裙，在咖啡館內端著茶壺和蛋糕。

◆ 藝術風格說明：
溫馨手繪風，柔和色調。

◆ 細節要求：
貓咪們互相交談，桌上擺滿了甜點和花草。

參考答案

◆ 圖像內容：
一群宇航員在無重力環境下舉辦派對，飄浮的彩帶和氣球。

◆ 藝術風格說明：
卡通風格，明亮的色彩與誇張的表情。

◆ 細節要求：
宇航員跳著太空舞，桌上的零食也在空中飄浮。

1-23

三、使用"誰、做什麼、在哪裡"的架構，構思撰寫各圖像的提示詞。

雲朵上的城堡

圖像內容：＿＿＿＿＿＿＿＿＿＿＿＿＿＿＿＿＿。

藝術風格說明：＿＿＿＿＿＿＿＿＿＿＿＿＿。

細節要求：＿＿＿＿＿＿＿＿＿＿＿＿＿＿＿＿。

巨大蘑菇森林探險

圖像內容：＿＿＿＿＿＿＿＿＿＿＿＿＿＿＿＿＿。

藝術風格說明：＿＿＿＿＿＿＿＿＿＿＿＿＿。

細節要求：＿＿＿＿＿＿＿＿＿＿＿＿＿＿＿＿。

參考答案

◆ 圖像內容：
一座漂浮在雲層中的夢幻城堡，陽光透過雲朵。

◆ 藝術風格說明：
奇幻插畫風，柔和色彩與雲霧效果。

◆ 細節要求：
城堡上有飄揚的旗幟，周圍有小鳥飛翔。

參考答案

◆ 圖像內容：
一群冒險者在高大的蘑菇森林中行走，蘑菇像樹木一樣巨大。

◆ 藝術風格說明：
奇幻冒險風，鮮豔的自然色彩。

◆ 細節要求：
冒險者們在蘑菇樹下搭帳篷，發現發光的蘑菇圈。

1. 朋友在咖啡館裡聊天

   ◆ 誰：_____。
   ◆ 做什麼：_____。
   ◆ 在哪裡：_____

   _____
   _____
   _____。

2. 太空人在月球上種植胡蘿蔔

   ◆ 誰：_____。
   ◆ 做什麼：_____。
   ◆ 在哪裡：_____

   _____
   _____
   _____。

CHAPTER 1　開啟 AI 繪圖創意新視界

參考答案

① 兩個好朋友，開心地喝咖啡，邊聊著各自的生活趣事，舒適的咖啡館角落，杯子冒著熱氣，背景播放輕音樂。

② 一位穿著宇航服的宇航員，正在月球表面種植胡蘿蔔，期待收穫，銀白色的月球上，地球高掛在天空。

1-25

3. 仙女在雲端上釣魚

- 誰：＿＿＿＿＿＿＿＿＿＿＿＿＿＿＿。
- 做什麼：＿＿＿＿＿＿＿＿＿＿＿＿。
- 在哪裡：＿＿＿＿＿＿＿＿＿＿＿＿

＿＿＿＿＿＿＿＿＿＿＿＿＿＿＿＿＿＿＿
＿＿＿＿＿＿＿＿＿＿＿＿＿＿＿＿＿＿＿
＿＿＿＿＿＿＿＿＿＿＿＿＿＿＿＿＿。

4. 長頸鹿在摩天大樓頂端吃早餐

- 誰：＿＿＿＿＿＿＿＿＿＿＿＿＿＿＿。
- 做什麼：＿＿＿＿＿＿＿＿＿＿＿＿。
- 在哪裡：＿＿＿＿＿＿＿＿＿＿＿＿。
- 提示詞：＿＿＿＿＿＿＿＿＿＿＿＿

＿＿＿＿＿＿＿＿＿＿＿＿＿＿＿＿＿＿＿
＿＿＿＿＿＿＿＿＿＿＿＿＿＿＿＿＿＿＿
＿＿＿＿＿＿＿＿＿＿＿＿＿＿＿＿＿。

參考答案

③ 一位美麗的仙女，手持釣竿在雲端上釣魚，魚線直入星空，漂浮在閃亮星空中的柔軟雲朵上。

④ 一隻脖子超長的長頸鹿，在大樓頂端伸著脖子吃樹梢上的葉子，繁忙城市中心的最高摩天大樓頂上，天空中的鳥兒飛過。

2

中文提示詞的撰寫技巧

提示詞不只是描述，更是想像力的延伸。這個章節將練習如何將一個簡單的想法、一段優美的詩詞…等，轉變成具體又有創造力的提示詞，讓生成的畫面更靈動。除了提示詞的發想外，也介紹 " 風格提示詞 " 影響 AI 圖像生成的整體氛圍與視覺效果。

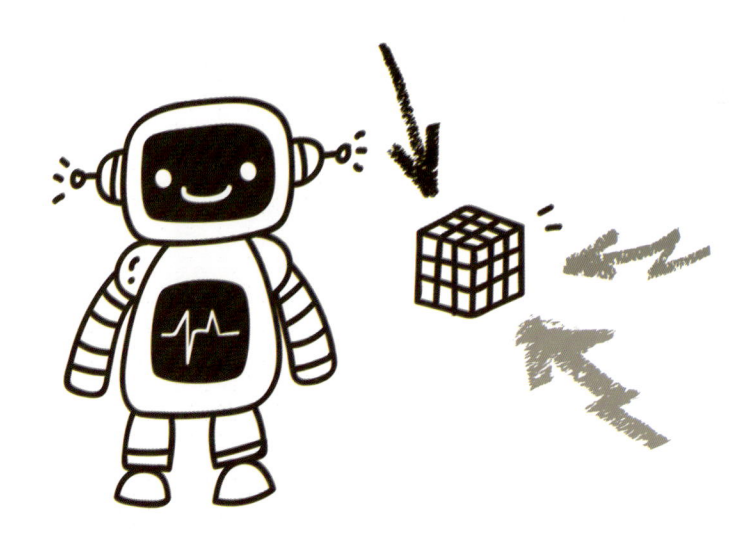

2-1 心想畫成：尋找提示詞靈感

如何從日常生活中尋找提示詞靈感？除了觀察生活中的景色與人物，還可以從文學中汲取意境與情感，將其改寫為提示詞，賦予圖像更深層的內涵與表現力。

2-1-1 從觀察到創作優化提示詞

AI 生圖的提示詞（prompts）是一種描述能力的體現。透過具體的文字說明，引導 AI 生成對應的圖像，而提示詞的精確性與表達質量直接影響最終圖像的效果與呈現。以下四個例子說明：

◆ **具體描述**

詳細描述場景、角色、動作和氛圍，AI 就能精準生成圖像。

提示詞：一位穿著紅色連身裙、在花園裡奔跑的女孩。

這段提示詞能讓 AI 生成具體的場景，AI 會根據這些要素生成對應場景，包含女孩的穿著、背景和動作。

◆ **細節描述**

提示詞：一隻橘色貓咪坐在窗邊、看著外面下雪的景像，窗戶上有雪花。

這段提示詞不僅描述了貓咪的顏色和位置，還加入了天氣和窗戶的細節，使視覺效果更豐富。

◆ **抽象概念描敘述**

情感或風格詞語的提示詞，可引導 AI 生成具情感或抽象特質的圖像。

提示詞：一幅展現寧靜與孤獨感的畫面，背景是模糊的城市燈光，前景是站在大橋上的孤單身影，場景充滿柔和的藍色和紫色調。

這段提示詞主要描述的是氣氛、情感以及色調，AI 會根據這些要素生成出符合概念的圖像。

◆ **藝術風格定義**

提示詞可以結合藝術風格來定義圖像的呈現方式。

提示詞：一幅梵谷風格的風景畫，夏夜田野被柔和的月光覆蓋，星空閃爍，色彩鮮豔。

這段提示詞運用了世界名畫家"梵谷風格"這樣具體的藝術風格，讓 AI 生成具有特定繪畫技法和色彩的圖像。

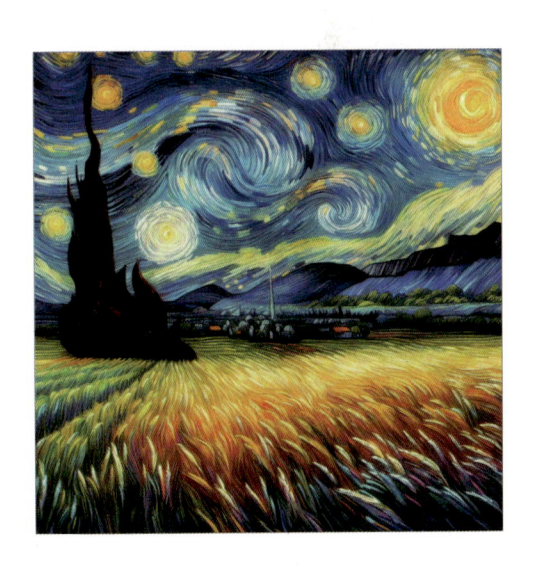

透過提示詞，AI 能根據描述的細節或情感生成符合需求的圖像。當心中有想法、工作有需求，或看到美好景象時，不妨仔細觀察，將想法具體化並轉化為提示詞，生成圖像後針對不滿意的部分進行修改，直至完成。此外，多瀏覽網路社群，欣賞與學習他人分享的作品，並嘗試優化自己的提示詞，是提升提示詞撰寫能力的有效方法。

2-1-2　心情抒發和情境描寫提示詞

透過具體描述，AI 能夠生成符合特定情感的圖像，提示詞中表達情感的細膩，能觸動觀者情感。

◆ 憂鬱的心情

提示詞：一位坐在窗邊的女孩，外面下著大雨，天空陰沉，窗戶上的雨滴模糊了城市的景象。女孩雙手托著下巴，眼神中透出一絲憂鬱和思念，背景中柔和的灰藍色調，畫面充滿孤獨感。

這段提示詞表達出孤獨和憂鬱，能讓 AI 生成一幅充滿情感的圖像。色調和環境細節讓情感表現更具體，觸動觀者。

◆ 喜悅與自由的心情

提示詞：一位女孩在綠色的草原上奔跑，四周是盛開的野花，陽光明媚，天空湛藍，女孩的笑容充滿了自由和幸福的情感。

這段提示詞表達了快樂和自由的情感，能讓 AI 生成一幅充滿活力和自然美的圖像，傳達積極的態度。

2-1-3　商業設計產品廣告提示詞

AI 圖像生成可大幅提升商業設計效率，透過具體描述創造有力的視覺效果，有助於品牌傳遞核心價值與關鍵訊息，打造更具吸引力的品牌形象。

◆ **美容產品廣告**

提示詞：一位年輕女子的面部特寫，她的皮膚光滑細膩，手持一瓶美容精華液，背景是簡約的柔和色調，強調產品天然又有護膚效果。

這段提示詞適合用於美容產品的廣告宣傳，透過 AI 生成一幅突顯產品和模特兒美感的視覺圖像，有助於提升品牌形象。

◆ **旅遊推廣設計**

提示詞：一幅土耳其旅遊宣傳數位插畫，包含卡帕多奇亞岩層、熱氣球、綠色山丘、藍色海岸，前景有土耳其地毯和熱茶，黃昏光線溫暖，展現自然與文化之美。

旅遊宣傳廣告，展現了當地的自然與文化特色，邀請大家一起探索迷人的異國文化。

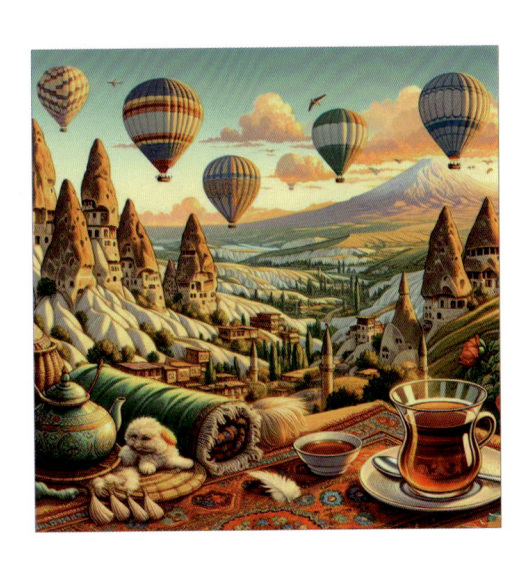

2-1-4 名家散文提示詞

朱自清和徐志摩的名句充滿詩意和情感,很適合作為 AI 生圖的提示詞,尤其用於創造富有藝術氛圍的場景。這些名句本身已傳遞情感,轉化為提示詞時,可加入具體畫面細節,幫助 AI 精準生成圖像。

◆ **朱自清名句**:< 匆匆 >,"燕子去了,有再來的時候;楊柳枯了,有再青的時候;桃花謝了,有再開的時候。"

提示詞:一幅詩意的四季輪迴插畫,畫面展示燕子飛離後又歸來的瞬間,楊柳從枯枝到綠葉的變化,以及桃花盛開與凋謝交替的場景。背景柔和,以暖黃和清新的綠色調為主,燈光溫暖,氛圍靜謐而富有生命的流動感,象徵自然與時間的循環之美,以及鋪墊了一種淡淡的傷感與與稍縱即逝的感嘆。

> **TIPS** 快速生成名家散文或詩句發想的提示詞
>
> 應用名家散文或詩句發想提示詞時,可先透過 ChatGPT 了解名句的內容,再請 ChatGPT 給予提示詞的建議,例如:「說明朱自清 < 匆匆 >,"燕子去了,有再來的時候;楊柳枯了,有再青的時候;桃花謝了,有再開的時候。"」,「依此說明生成《匆匆》的「提示詞」以適用後續圖像生成」。

◆ **徐志摩名句**：＜再別康橋＞，"輕輕地我走了，正如我輕輕地來，我輕輕的招手，作別西天的雲彩。"

提示詞：黃昏時分，一位優雅的旅者正準備離開。他腳步輕柔，身影朦朧在柔和的晚霞中，夕陽的餘暉映照著平靜的水面。他抬起手輕輕揮別，與西方天空的彩雲道別，畫面充滿詩意，色調以金橘色和暖紅為主，氛圍溫柔靜謐，帶有淡淡的離愁和唯美。

此提示詞特別強調動作的輕柔、畫面的溫暖色調與詩意氛圍，呈現如詩一般的意境畫面。

❯ NOTE

> 詩中"輕輕地我走了"的動作應該具體化，例如"緩慢的步伐"或"微微揮手"。
>
> 詩中"作別西天的雲彩"需要轉換為明確的自然景象，例如"夕陽下的彩雲"或"霞光映襯的雲層"。
>
> 提示詞中"靜謐"指的是一種安靜氛圍、平和且充滿留白的感覺，讓人感到舒適和內心平靜。

CHAPTER 2 中文提示詞的撰寫技巧

2-1-5 古代詩詞提示詞

以古代著名的詩詞作為提示詞，詩詞本身已蘊含豐富的意象與情感，不需要過多的解釋即可傳達完整的美感。古詩透過簡練的語言構築出具體的場景與深刻的情感，這些可以直接轉化為 AI 生成圖像的靈感。然而，為了更好地引導 AI 創造出符合詩意的圖像，適當補充一些畫面細節仍然是必要的。

◆ 李白《靜夜思》："床前明月光，疑是地上霜。舉頭望明月，低頭思故鄉。"

提示詞：中國傳統水墨風格，極簡，一位年輕人靜靜地坐在床邊，身處一間簡約而典雅的中式古典房間。皎潔的月光透過窗戶灑滿地面，泛著如霜般的清冷光澤。神情寧靜而思念，目光凝視著夜空中圓潤明亮的月亮，周圍稀疏的星辰點綴，遠處隱約可見山巒的輪廓。整個場景充滿靜謐與淡淡的哀愁，表現出對故鄉的深深思念。色調以冷色系為主，融合銀白、淡藍，營造詩意而古典的氛圍，風格注重細膩線條與情感呈現，充滿中國傳統繪畫的韻味。

針對古詩詞，希望以中國水彩水墨風格來展現意境，可再詩詞前面加上："中國水彩水墨風格"、"筆墨渲染"…等風格提示詞；"充滿靜謐與淡淡的哀愁"提示詞可以幫助 AI 捕捉《靜夜思》中對故鄉的思念之情，並呈現出寧靜、詩意的氛圍。而隨著 AI 功能的進化，日後可能直接輸入詩詞內容作為提示詞，就可以能生成滿意的圖像。

◆ **蘇軾《水調歌頭》**："明月幾時有？把酒問青天。不知天上宮闕，今夕是何年？我欲乘風歸去，又恐瓊樓玉宇，高處不勝寒。起舞弄清影，何似在人間？"

這首蘇軾的詞充滿了詩意與哲思，描寫在月下遙望天宮，心懷憂思的矛盾心態，既有嚮往，又有猶豫。將這首詞改寫為富有詩意、氣勢壯闊的提示詞時，應保留其恢弘的場景與內心的情感轉換，並具象化場景中的動作和氛圍。將蘇軾這首詞改寫成富有詩意氣勢壯闊的提示詞：

提示詞：皎潔的圓月下，古代詩人站在山頂，手持酒杯凝望著無邊無際的蒼穹，神情若有所思，仰望天上神秘的宮闕。他內心渴望隨風飛去，奔向那遠在天邊的玉宇瓊樓，然而高處的寒冷與孤寂讓他猶豫。月光如水，灑在他身旁，他輕輕起舞，清影隨著他而動，與月光交織在一起。整個天地寂靜且壯闊，充滿了遙遠而神秘的氣息，突出夜晚的清冷與神秘。

提示詞：這幅以張大千水彩水墨風格呈現的圖像展現了一位孤獨的旅者在皎潔的滿月下，站在山頂上，手持酒杯，凝望著神秘的蒼穹。月光如水，與他的影子交織，整個場景充滿了寧靜與壯闊的氛圍，遙遠而神秘。

> **NOTE**

- **場景具體化**：明月、宮闕、清影、起舞…等意象是詩詞的重點，需具體描述，讓觀者感受到天地之間的遼闊與人物的孤獨。例如"明月"可描述為：一輪皎潔明亮的圓月高掛夜空，光輝柔和且純淨，銀白色光暈散開，月光清冷如水灑落大地。
- **人物動態**：強調人物"把酒問青天"與"起舞弄清影"這些動作，可具體描述成姿態或與場景互動。
- **突出情感氛圍**：保留詩中層次豐富的情感，即有孤獨豁達、哲思感傷的氛圍，又展現出對遙遠理想的嚮往與對當下生活的深深珍惜。

➔ TIPS 詩文改寫為提示詞的技巧

詩文改寫提示詞時，核心目標是將詩詞中的意境、情感與細節轉化為可視化的描述。以下是一些關鍵技巧與方法：

> **核心主題**：抓住詩文的主旨或情感核心，將抽象的思想轉化為具體的場景或人物動作。

　　原詩：「明月幾時有？把酒問青天。」

　　提示詞：「一位古代詩人手持酒杯，站在夜晚的露台上，仰望高懸的皎潔明月。」

> **情景交融**：結合詩文的自然景物與內在情感，營造詩意氛圍。

　　原詩：「舉頭望明月，低頭思故鄉。」

　　提示詞：「一位詩人站在庭院中，抬頭凝視夜空中的圓月，神情中流露對故鄉的深深思念。」

> **畫面細節**：詩文往往含蓄隱約，提示詞需要具體化，使其適合創作工具理解。

　　原詩：「但願人長久，千里共嬋娟。」

　　提示詞：「一輪圓月高掛夜空，詩人與親人在不同地方仰望同一輪明月，月光如水般灑滿大地。」

> **情感氛圍**：保留詩詞原有的意境與韻味，避免提示詞過於平淡或技術化。

2-2 圖像風格提示詞

提示詞不僅引導 AI 生成具體的圖像，還能設定圖像風格、氛圍和視覺效果。

2-2-1 AI 圖像會採用哪種風格？

提示詞中，提前說明所需的藝術風格（如寫實油畫、攝影、素描…等）可以幫助 AI 生成符合預期的圖像；若不指定風格，則會依提示詞細節套用風格。

指定生成風格

◆ **寫實油畫風格**

提示詞：一幅寫實風格的油畫，描述一位坐在椅子上的老者，他的皮膚皺紋清晰可見，背景是陽光斑駁的老房間，色彩濃郁，光影強烈，展現油畫的細膩質感。

◆ **攝影風格**

提示詞：一張黑白攝影風格的照片，拍攝一棵孤獨的大樹，背景是廣闊的草原，天空陰沉，樹的細節清晰可見，畫面充滿了孤獨與靜謐的氛圍。

◆ **素描風格**

提示詞：一幅鉛筆素描，描述一位正在彈鋼琴的年輕女孩，線條流暢，陰影處理細膩，背景簡單，強調人物動作的柔美和表情的專注。

未指定生成風格

提示詞中不指定風格時，AI 會依據提示詞的描述和語境生成相應的風格，或是基於內部模型自動創作數位藝術風格 (Digital Art Style)。這種風格通常具有數位藝術特徵：如鮮豔的色彩、強烈的光影對比、光滑的線條以及較高解析度的圖像。數位藝術風格的呈現不同於傳統繪畫或攝影，更接近插畫、數位繪圖或概念藝術…等的效果。

◈ **桌上的蘋果**

提示詞：桌子上有一顆紅色的蘋果，背景是簡單的白色牆壁。

高反光數位插畫風格蘋果，這個蘋果不像傳統油畫表現厚重的筆觸，而是更平滑、數位化。反映現代數位藝術強調的色彩與質感效果，缺乏傳統畫作的深度感與筆觸紋理。

◈ **花園內的小貓**

提示詞：一隻小貓坐在花園裡，周圍有盛開的花朵。

這張寫實風格圖像呈現一隻毛髮細緻的小貓坐在花園中，被色彩鮮豔的盛開花朵環繞。自然光線柔和灑落，背景柔焦處理突顯主體，營造溫暖且生機勃勃的氛圍。

2-13

◆ 著名景點的風景畫

提示詞：一幅描述巴黎埃菲爾鐵塔的風景畫，天空蔚藍，陽光明媚。

明亮色彩的風景圖像，鐵塔輪廓清晰，天空和陽光的色彩充滿數位感，具有插畫和概念藝術的效果。光影相對簡潔明快，非寫實自然光照表現，也不是傳統油畫中的柔和光影和細膩的筆觸層次。整體顯得更加鮮明、流暢。

◆ 窗邊的閱讀時光

提示詞：一位年輕女子坐在窗邊，陽光透過窗戶灑在她的臉上，她正在閱讀一本書。

強調人物外觀與場景光影，色彩鮮明，人物五官清晰，衣服和背景光影細節相對簡單、乾淨。場景氛圍溫馨、色彩和光影強調簡潔邊緣和數位化細節處理。

> **NOTE** 同一句提示詞是否會生成相同藝術風格？

AI 可能遵循相似的風格，但不一定每次都會生成完全相同的藝術風格。

> **具體細節描述**：提示詞中的具體細節，如人物、物品和背景…等元素的具體描述，這些細節會引導 AI 確定圖像的風格和情感氛圍。若未指定風格，這些細節會影響風格選擇，可能導致每次生成的風格略有不同。

> **圖像細節描述**：圖像細節是生成圖像中的微小元素，如光影效果、紋理處理、顏色對比…等。這些細節會影響圖像的視覺深度與真實感。未指定風格時，這些細節會影響最終生成的圖像風格，可能會有細微差異，但整體風格通常相似。

提示詞：純真可愛的亞洲小女孩，戴著運動帽，微笑，可愛的小動物點綴，童趣人物，"Happy！"

第一次和第二次執行結果如下：

數位插畫

數位寫實

每次執行結果都可能有數位插畫和數位寫實的圖像生成。兩次執行結果雖然風格相似，但沒有一張是完全相同的。

2-2-2 藝術風格

印象派風格

AI 會根據提示詞明確要求使用印象派風格，這種風格強調色彩和光影的表現，而非精細的細節。模仿畫家的筆觸，創造出色彩豐富、充滿動感的畫面。

提示詞：一片盛開的向日葵田，陽光灑在花朵上，畫面充滿活力，採用印象派風格，運用明亮的色彩和短促的筆觸，展現自然光影的變化。

立體派風格

立體派風格透過分解和重組物體來建構形體。會引導 AI 生成一幅幾何感強烈、角度獨特的作品，並透過多維度的表現來展現物體的複雜性。

提示詞：一位坐在椅子上的音樂家，畫面採用立體派風格，將人物和樂器分解成幾何形狀，色彩層次分明，從不同的角度表現出立體感。

> 水墨畫風格

水墨畫風格強調黑白筆墨的渲染、留白和空間感。AI 會根據提示詞，生成充滿詩意的山水畫，表現出東方美學中的簡約和內斂。

提示詞：一條山間小路蜿蜒而上，遠處雲霧繚繞，畫面運用中國傳統水墨畫風格，簡約而充滿詩意，以淡墨和留白表現山水的悠遠意境。

如果希望是彩色水墨，則提示詞可改成：

提示詞：一條山間小路蜿蜒而上，遠處雲霧繚繞，畫面運用張大千彩色水墨畫風格，簡約而充滿詩意，以淡彩和留白表現山水的悠遠意境。

> 總結

透過提示詞中的藝術風格詞語，AI 能夠模擬各種不同的藝術流派，創造出符合該風格的圖像。提示詞中的描述越具體，AI 生成的圖像就越符合該風格的特徵。

初學者可以根據自己的興趣，從寫實到抽象，從印象派到立體派，從水墨到超現實主義，從傳統到現代…等多樣風格中挑選學習。透過理解各種風格的視覺特徵與表現手法，有助於更全面地掌握藝術的多元表現形式。

2-2-3 數位藝術風格

AI 生成最常見的兩種數位藝術風格分別為："數位插畫風格"與"數位寫實風格"。以下介紹兩種風格在 AI 圖像生成所呈現的視覺效果。

數位插畫風格 (Illustration)

插畫用於傳達一種視覺概念、情感或故事，常見於書籍、廣告、兒童繪本和產品設計…等領域。插畫不一定追求現實中的精確再現，而是更關注視覺吸引力、創意性和情感的表達。名作範例：碧雅翠絲‧波特《彼得兔》，幾米《向左走‧向右走》溫柔清新、題材多元…等。

▲ 圖片取材自維基百科：
https://zh.wikipedia.org/zh-tw/%E5%BD%BC%E5%BE%97%E5%85%94

- ◆ **數位插畫的特點**：誇張和創意、多樣性和靈活性、故事性和吸引力。
- ◆ **數位插畫應用場合**：繪本、廣告、插畫書籍封面、產品包裝…等。
- ◆ **數位插畫風格範例**：

魔法貓咪提示詞：數位插畫風格，穿著魔法袍的小貓坐在月亮上，四周飄浮著星星和書本，背景柔和紫色調，畫風可愛俏皮。

奇幻森林提示詞：數位插畫風格，色彩繽紛的小動物，簡化的樹木和花朵造型，充滿童話氛圍，背景柔和，光線溫暖。

數位寫實風格（Realism）

寫實風格旨在以逼真的方式再現現實世界中的細節、光影和質感。注重對物體的精確描繪細膩的紋理、準確的比例與真實的色彩表現。名畫範例：達文西《蒙娜麗莎》、維美爾《戴珍珠耳環的少女》、米勒《晚鐘》…等。

◆ **數位寫實風格特點**：精確和細緻、真實感、深度和光影。

◆ **數位寫實風格應用場合**：肖像畫、靜物畫、風景畫…等，再現現實中的人物或場景樣貌。

◆ **數位寫實風格範例**

靜物畫提示詞：數位寫實風格，一組擺放整齊的水果在木桌上，細膩的光影效果，展現水果的真實質感和光澤，背景柔和中性色。

肖像畫提示詞：數位寫實風格，一位老人坐在窗前，光線柔和地打在臉上，細膩描述出皮膚的質感和皺紋，背景模糊，突顯人物表情的深度。

TIPS　AI 生成插畫與寫實風格差異

- **目的**：插畫主要用來傳達想法或情感，偏向誇張和創意，而寫實風格主要是忠實再現現實場景、人物或物體…等，追求真實感。
- **表現手法**：插畫以簡化、變形、誇張…等的方式來表現物體，而寫實風格則注重細節、光影和真實性。
- **適用範圍**：插畫的靈活特性適合用於廣告、兒童書籍、產品包裝…等，而寫實風格多用於肖像、靜物和風景繪畫。
- **總結**：插畫和寫實風格各有特色，插畫更偏向藝術創意和情感表達，而寫實風格則追求細節的精確性和現實感。選擇哪一種風格取決於藝術作品的目標和希望傳達的感受。
- **插畫與寫實風格範例**

插畫風格提示詞：插畫風格，現代咖啡廳的室內設計，內部有時尚的家具和柔和的燈光還有大量綠色植栽。場景展示了咖啡廳溫暖的氛圍，強調空間的高質感設計以及大窗戶透進來的自然光線。

寫實風格提示詞：寫實風格，現代咖啡廳的室內設計…（後面文字與上述一樣）。

單元練習

一、請依照圖解，練習寫出提示詞，套用數位插畫與卡通風格。

❶ 可愛的貓耳少女，身穿水手服校服　❷ 萌萌的白色動漫貓　❸ 背景為星星與圓點點綴

參考答案

數位插畫，卡通風格，可愛的貓耳少女，身穿水手服校服，旁邊有一隻萌萌的白色動漫貓，背景為星星與圓點點綴，整體色調柔和溫暖。

▶ NOTE

動漫貓 Anime Cat：指的是以動漫風格繪製或呈現的貓，通常具有誇張的特徵，比如大而有神的眼睛、圓圓的臉型，以及可愛或俏皮的外表。動漫貓經常展示出類似人類的情感和行為，使其在動漫和漫畫中更具吸引力和視覺魅力。通常以異想天開或誇張的方式表現，以增強其魅力和個性，吸引觀眾的目光。

二、請依照圖解,練習寫出提示詞,套用數位插畫與卡通風格。

❶ Chibi 機器人　❷ 藍白主色調、金屬質感　❸ 手足舞蹈　❹ 非常開心　❺ 簡單背景

參考答案

數位插畫,卡通風格 Chibi 機器人,藍白主色調、金屬質感,手足舞蹈非常開心,簡單背景。

> **NOTE**

Chibi 並非專門用來形容機器人,而是一種起源於日本玩具、漫畫的一種流行與風潮。Chibi 角色通常指頭大身體小,眼睛大而圓,五官比例誇張,給人一種非常可愛、天真無邪的印象,又稱為 Q 版角色。這種風格通常應用於人類角色、動物,甚至擬人化的物品或機器人。例如:一位 Chibi 女孩(男孩),和一隻 Chibi 貓(狗),手足舞蹈,非常快樂。

三、請依照圖解，練習寫出提示詞，套用寫實攝影風格。

❶ 一位穿著白色襯衫的年輕女子，皮膚白皙，髮型長而微捲的黑色頭髮，坐在咖啡廳的窗邊，
❷ 陽光透過窗戶灑在她的臉上，　❸ 背景是繁忙的城市街道，
❹ 桌上擺著一本打開的書和一杯咖啡，　❺ 色彩柔和，強調光影效果。

參考答案

寫實攝影風格，一位穿著白色襯衫的年輕女子，皮膚白皙，髮型長而微捲的黑色頭髮，坐在咖啡廳的窗邊，陽光透過窗戶灑在她的臉上，桌上擺著一本打開的書和一杯咖啡，背景是繁忙的城市街道，色彩柔和，強調光影效果。

四、延續上一題,人物服裝更改為短版針織上衣,頭髮及肩。

參考答案

彩色素描風格,強調筆觸,一位穿著短版針織上衣的年輕女子,皮膚白皙,頭髮及肩,坐在咖啡廳的窗邊,陽光透過窗戶灑在她的臉上,桌上擺著一本打開的書和一杯咖啡,背景是繁忙的城市街道,色彩柔和,強調光影效果。

> **TIPS** ChatGPT 幫忙更改生成條件

如果這是你喜歡的主角形象，可以試著更換更多元素，例如：服裝、配件、情境、風格…等，如果一時想不出來，可以請 ChatGPT 來幫幫忙。

提問 ChatGPT：請以"一位年輕女子，皮膚白皙，髮型長而微捲的黑色頭髮"為主題，寫出四種不同情境與穿著打扮的中文提示詞。

ChatGP 生成提示詞：

1. 插畫風格，一位年輕女子，皮膚白皙，髮型長而微捲的黑色頭髮，穿著綠色碎花洋裝的站在森林小徑上，雙手輕輕捧著一束野花，背景是靜謐的樹林，充滿自然的氛圍。

2. 寫實攝影風格，一位年輕女子，皮膚白皙，髮型長而微捲的黑色頭髮，穿著米白色羊毛大衣與高領毛衣，搭配黑色皮靴與格紋圍巾，站在雪花飄落的城市街頭，背景為繁忙的購物大道與霓虹燈光，色調冷冽柔和，強調冬季氛圍與時尚感。

3. 寫實攝影風格，一位年輕女子，皮膚白皙，髮型長而微捲的黑色頭髮，穿著藍色襯衫和牛仔褲，站在海邊，手上拿著一台相機，看向遠方的海平線，背景是蔚藍的天空和浪花。

2-25

五、請依照圖解，練習寫出提示詞，套用數位插畫與極簡主義風格。

❶ 清新、自然靈動的亞洲年輕女孩，五官清秀，黑色長捲髮
❷ 戴著白色的大帽子，帽子邊緣有一朵白色的花
❸ 白色大耳環，白色牛仔褲，上衣是泡泡袖絲綢淡綠色
❹ 揹著黃色新潮流側包　❺ 轉身開心的笑　❻ 背景藍色

參考答案

數位插畫，極簡主義風格，清新、自然靈動的亞洲年輕女孩，五官清秀，黑色長捲髮，戴著白色的大帽子，帽子邊緣有一朵白色的花，白色大耳環，白色牛仔褲，上衣是泡泡袖絲綢淡綠色，揹著黃色新潮流側包，轉身開心的笑，背景是藍色的。

3

ChatGPT 從圖像分析到創作優化的全能助手

ChatGPT 不僅擅長文字聊天和圖像生成，還能上傳圖像進行分析，解讀視覺元素、風格、構圖或氣氛…等，為撰寫和優化提示詞提供關鍵靈感，助力生成相似圖像。融合強大的生成圖像編輯功能，大至背景替換，小至部分細節的編修或清除，都能快速完成，大幅提升創作效率與流暢度。

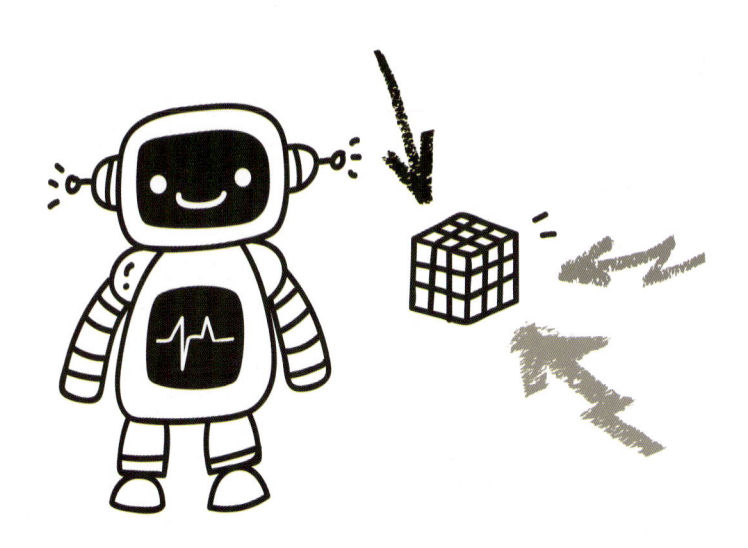

3-1 認識 ChatGPT

ChatGPT 免費帳號每日只可生成 3 張圖像，付費帳號支援更多圖像生成次數，但仍受到額度或流量限制，具體限制依 OpenAI 的方案規範而定。在此帶你了解 ChatGPT 與圖像生成工具的優勢和限制。

3-1-1 ChatGPT 是什麼？

ChatGPT 是一款由 OpenAI 開發的 AI 聊天機器人，GPT 指的是"生成型預訓練變換模型 (Generative Pre-trained Transformer)"，不僅能以自然語句輕鬆回答不同領域的問題，還擅長執行各種任務，例如：翻譯文章、創作小說、撰寫程式…等。ChatGPT 以聊天界面生成圖像，簡單好上手，使用自然流暢的語句即可生成高質量圖像。Open AI 在 2018 年推出 GPT 初版，至今 GPT-4o 為最新版本，回答更加精準快速。

3-1-2 ChatGPT 圖像生成特點

應用優勢

- **以圖生圖**：上傳圖檔，以其為基礎進行修改，更符合使用需求。
- **編輯工具**：生成的圖像能再用編輯工具結合提示詞調整視覺元素，方便快速。
- **應用廣泛**：圖像的優質視覺效果和編輯工具適合應用於宣傳、設計、創作…等用途。
- **中文字生成**：可以精準生成指定中文字，並指定字型、顏色及大小，能大大提升設計、宣傳行銷工作的效率。

生成限制

- **付費版本**：必須訂閱 ChatGPT Plus 方案，使用 ChatGPT-4 以上版本才能使用圖像生成和編輯功能。

3-1-3 ChatGPT 與 Copilot 圖像生成比較

ChatGPT 與 Copilot 都是使用聊天介面生成圖像，下表列出兩個 AI 工具生成圖像的差異。

	ChatGPT	Copilot（網頁版）
圖像生成模型	GPT-4o	DALL・E
圖像生成次數	免費有數量限制；付費可生成大量圖像但仍有流量限制	無限制
聊天室聊天次數	無限制	有限制
圖像編輯工具	有	無
單次生成圖像數量	可用提示詞指定	1 張

3-2 開始使用 ChatGPT

使用 ChatGPT 前,先了解進入聊天室的方式、介面和各項功能位置。

3-2-1 進入 ChatGPT

1. 於瀏覽器網址列輸入:「https://chatgpt.com/」,進入 ChatGPT 聊天畫面,到此即可進行聊天與提問,但是登入後才能生成圖像,並保存交談,點選右上方 **登入** 鈕。

2. 選擇習慣的方式登入,這裡點選 **使用 Google 帳戶繼續**。(若無指定的帳戶,點選 **註冊** 鈕,依步驟註冊一個帳號)

3. 輸入帳號後點選 **下一步** 鈕,輸入密碼後點選 **下一步** 鈕,即完成 ChatGPT 登入。

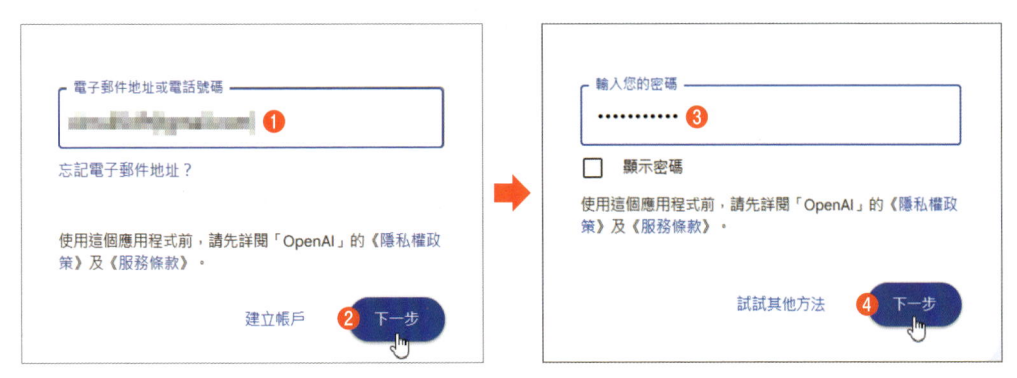

3-2-2 ChatGPT 畫面認識

聊天畫面

❶ 側邊欄開關　❷ 新交談　❸ 版本選擇 (或為訂閱升級)　❹ 對話內容　❺ 功能區
❻ 聊天室清單　❼ 大聲朗讀、複製、回應良好、回應不佳　❽ 聊天對話框

◆ **側邊欄**：點選 🖉 可開啟新聊天室，正在進行或曾經開啟的聊天室會一一列項於側邊欄，點選清單中某一個聊天室可開啟該對話內容，於聊天室右側點選 ⋯ 選項，其中 🖉 可為聊天室重新命名，🗂 可封存該聊天室，🗑 可刪除該聊天室。

◆ **版本選擇**：可切換 GPT 模型。

◆ **對話內容**：聊天室內容及生成圖像會顯示於此處。

◆ **聊天對話框**：輸入文字和提問，點選 📎 附加圖像或文件檔案，點選 🌐 使用網頁搜尋，點選 🛠 選擇檢視工具，協助高效處理數據、文件檔案或圖像…等功能。

◆ **功能區**：點選 ⬆ **分享** 可分享聊天室交談的內容；點選帳號縮圖，清單中可設定 **自訂 ChatGPT**、**設定** 或 **登出**…等功能。

> **TIPS** 切換為中文使用介面
>
> ChastGPT 若無法自動呈現繁體中文的介面時，可點選畫面右上角帳號縮圖，清單點選 **設定 \ 一般 \ 語言：繁體中文** 即可。

3-2-3 聊天式生成圖像

1. 於新交談的對話框輸入並送出以下提示詞：

「請生成一張圖像：將肥皂、香草 Herb、仙人掌、乾燥花、色卡以整齊的方式擺放。」

2. 若生成圖像不如預期,將滑鼠指標移至提示詞,點選提示詞右下方 🖉 **編輯訊息**。於對話框修改並送出提示詞:

> 「請生成一張圖像:將肥皂、香草 Herb、布料、乾燥花、色卡以 Knolling 的方式擺放,以自然 Natural 色調呈現。」

3. 編輯訊息重新生成圖像後，提示詞下方會顯示修改次數和當前對話區，若要查看編輯前的內容與圖像，點選對話區左右兩側 < > 可以切換顯示對話區，每個對話區皆可再輸入或調整提示詞延續對話。

3-2-4 編修圖像指定範圍

ChatGPT 圖像編輯模式支援指定範圍編修,透過提示詞快速完成背景替換、細節調整或瑕疵修正。

1. 點選生成圖像,進入圖像編輯畫面,於圖像上方工具列點選 🖉 。(此為 ChatGPT Plus 功能)

2. 於圖像上以滑鼠左鍵拖曳塗抹選取欲修改的範圍。輸入並送出更換條件:「改成原棉 row cotton。」

3. 圖像上方工具列點選 ⬇ 可將檔案儲存至本機，點選 ✕ 可關閉編輯畫面，回到 ChatGPT 聊天室主畫面。

> **TIPS** 局部修改常用的提示詞
>
> 於圖像編輯畫面點選 ⊛ 選取欲編輯的範圍後，可使用「移除，並以…呈現」、「替換成…」…等提示詞編修圖像。

> **TIPS** 轉換圖檔格式
>
> 預設下載格式為 .webp，若要下載 PNG、JPG 或其他影像格式，可傳送以下提示詞（在此以 PNG 為例）：「轉換成 PNG 影像格式檔，提供下載。」，這樣即可自動轉換並提供該影像下載點連結；也可利用免費線上平台轉檔，例如：AnyWebP、iloveimg。

3-3 以圖生圖改變圖像風格

ChatGPT 透過上傳圖像並搭配關鍵提示詞描述，可依相似圖像風格、構圖或細節生成，確保生成圖像更符合需求，加速創作流程。

1. 於新交談的對話框點選 ➕ \ **從電腦上傳**，於本機選取欲上傳的圖像，點選 **開啟** 鈕。

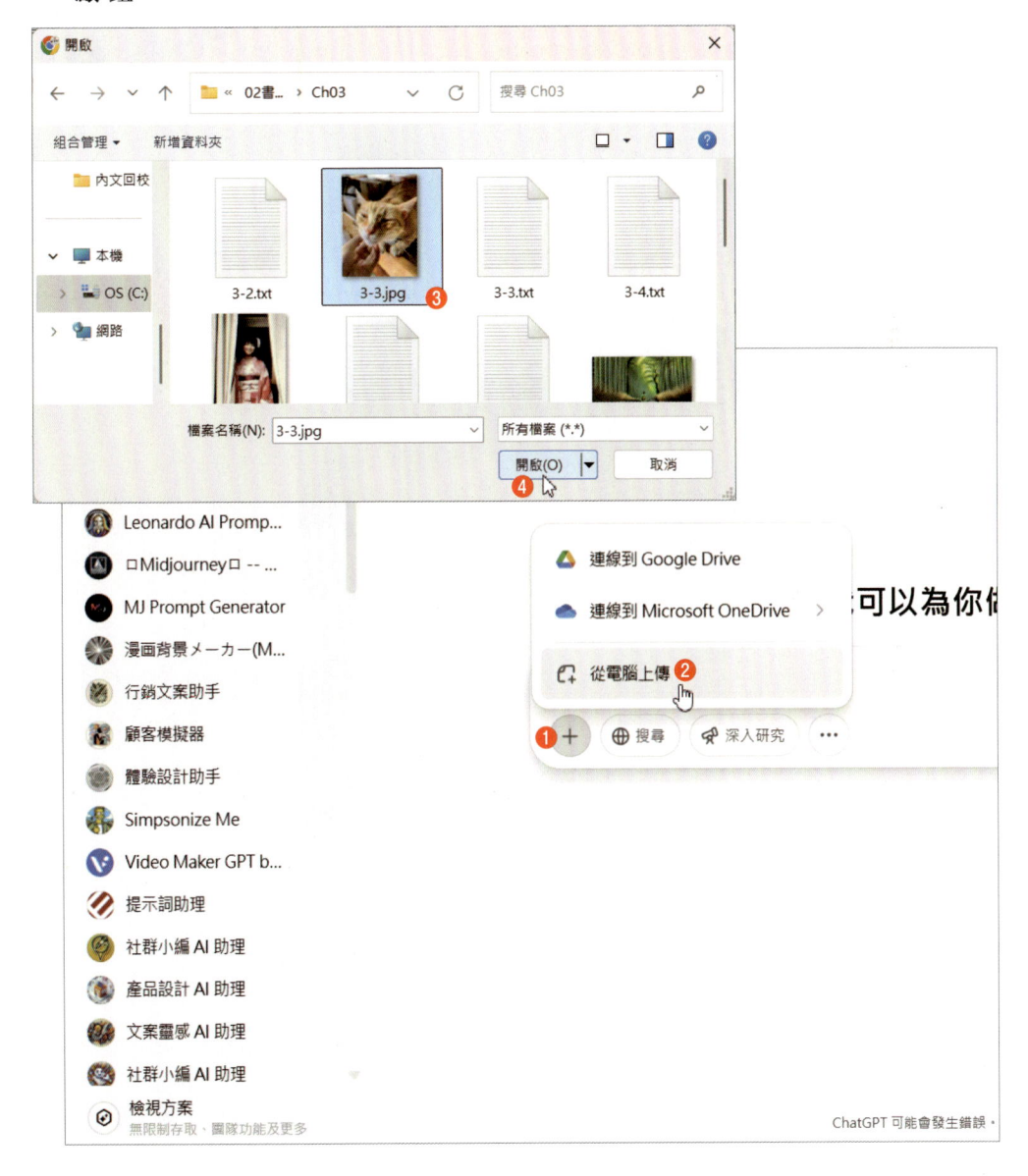

2. 於對話框輸入並送出欲轉換的風格提示詞：

「請生成與附加檔案細節一致的圖像：一隻橘貓正瞇著眼，被人抓撓下巴，毛茸茸，魚眼鏡頭。」

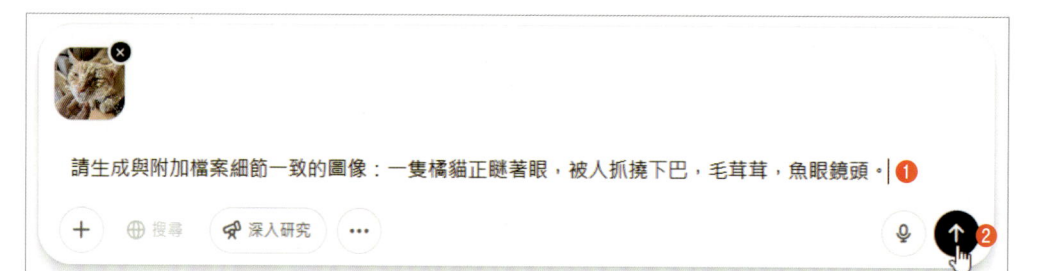

3. 點選生成的圖像，進入編輯畫面。

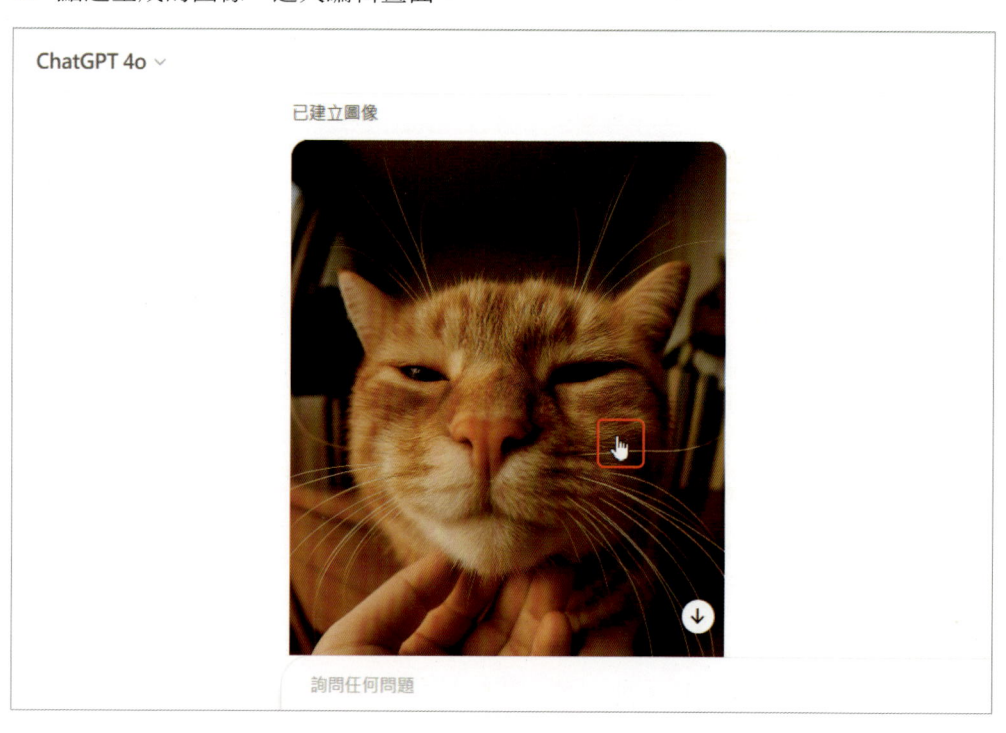

4. 於編輯畫面對話框輸入並送出欲更改的條件提示詞：

「請將圖像轉換為水彩插畫風格，柔和淡雅的色彩，渲染，柔和細緻的陽光。」

5. 回到聊天室主畫面生成圖像，圖像生成後，滑鼠指標移至圖像右上角點選 ⬇ 可將圖像儲存至本機。

> **TIPS** 延續調整該進入編輯畫面還是主畫面？
>
> 於編輯畫面中調整會保留原圖結構並延展創意，適合對現有素材進行優化與改編；而主畫面較依靠提示詞生成全新圖像，風格與內容完全由描述決定，容易加入新的創意。

3-4 以文生圖掌握生成圖像要領

透過提示詞驅動 AI 圖像生成，掌握文字描述到圖像構建的關鍵技巧，提升創意表現。

3-4-1 以文生圖優點

- **精確控制**：ChatGPT 可以將描述轉換成具體的圖像，如：場景、人物、色調…等。
- **節省時間**：可以快速產生多樣的視覺效果 (如：色彩、光影、質感…等)。
- **靈活多樣**：可以生成不同風格 (如：水彩、油畫、卡通…等) 或特定藝術風格主題的圖像。
- **創意探索**：有助於探索風格融合、場景創建、角色設計與非現實空間…等創意。

3-4-2 以文生圖的要領

- **提供明確的描述**：描述應該盡量詳細，包含必要元素、主題、氛圍、色彩…等。例如：「水彩畫，秋季的奧入瀨溪流，水流清澈、楓葉層層、柔和的晨霧。」具體描述有助於生成更符合期望的圖像。
- **設定風格**：在描述中指出特定的藝術風格，比如：水彩、油畫、漫畫、寫實、藝術家…等風格，以便生成符合的圖像。
- **運用視覺元素**：描述時包含視覺元素，例如：光影效果 (柔光、逆光)、鏡頭角度 (鳥瞰、魚眼)、背景細節 (山林、城市街景)…等，讓生成圖像更具層次和生動感。

3-4-3 版權年限限制

- **已進入公有領域的藝術家**：已經去世超過 70 年的藝術家，其作品通常已進入公有領域，因此可以自由使用其藝術風格創作，生成的圖像無版權限制。例如：梵谷 (梵高，去世於 1890 年)，生成圖像時可以直接指定「梵谷藝術風格」。
- **去世未滿 70 年的藝術家**：去世未滿 70 年的藝術家，其作品仍然受到版權保護，使用其風格可能會涉及版權問題。例如：畢卡索 (去世於 1973 年)：畢卡索的立體主義風格受到保護，不能直接模仿他的風格，應用於商業範圍，特別是《亞維農少女》這樣的經典作品。

3-4-4 套用被限制的藝術家風格

已故超過 70 年的藝術家作品通常可自由運用名字和藝術風格作為提示詞生成圖像，然而也存在例外情況，這時可於提示詞中，將藝術家名稱換成其藝術流派生試看看 (若不了解藝術家為何藝術流派可直接於 ChatGPT 中提問)。例如以下情況：

1. 於新交談的對話框輸入並送出以下提示詞，此提示詞包含藝術家風格：

「莫內風格：少年與小狗在向日葵田邊小路騎單車。」

2. 若執行莫內風格時出現錯誤信息，遇到這種情形，就把「莫內」改成「印象派風格」，於對話框輸入並送出以下提示詞：

「印象派風格：少年與小狗在向日葵田邊小路騎單車。」

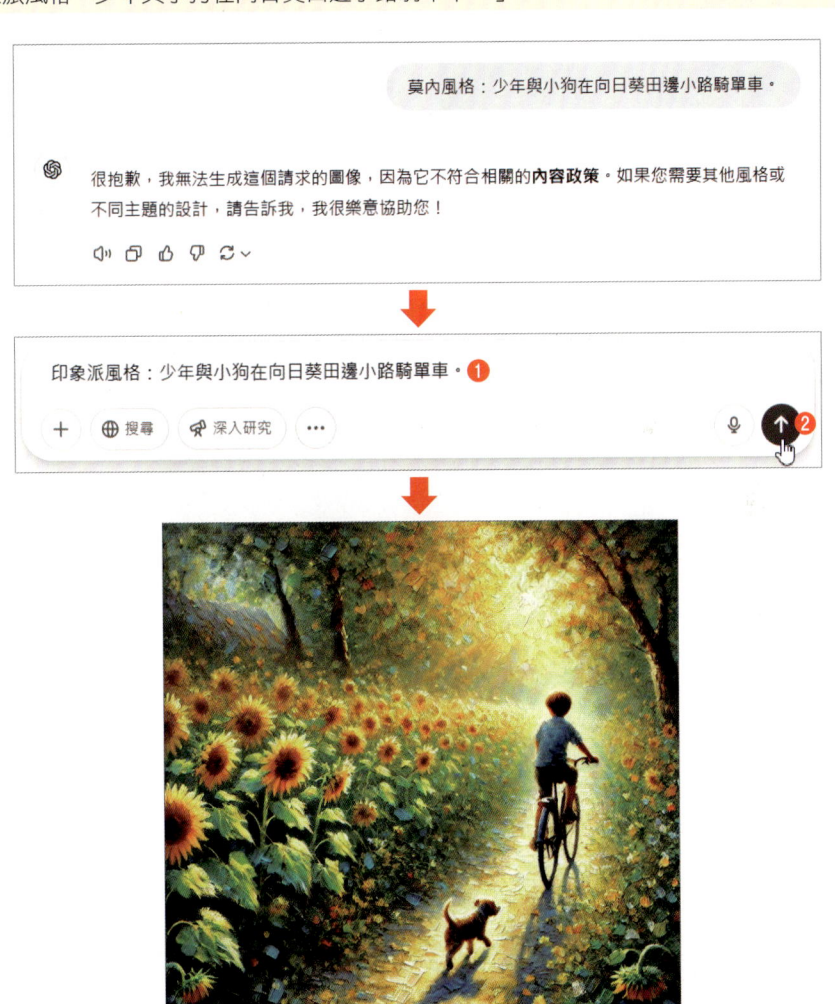

3-4-5 ChatGPT 圖像生成的擅長主題

ChatGPT 生圖以多樣化創作見長，涵蓋藝術風格、人物肖像、商業設計、奇幻與科幻…等主題，輕鬆實現創意構想。

藝術與視覺風格

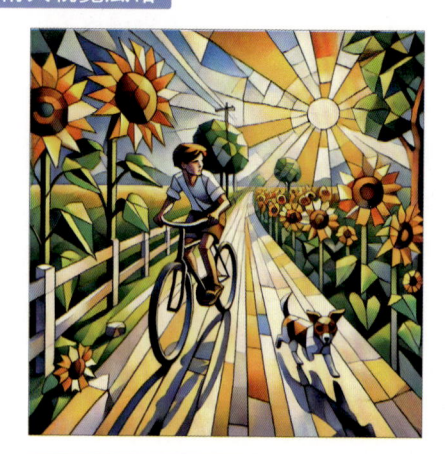

提示詞：立體派風格，少年與小狗在向日葵田邊小路騎單車。

提示詞：超現實主義風格，少年與小狗在向日葵田邊小路騎單車。

提示詞：彩色墨水龐克極簡主義，新藝術風格的克林姆設計，一位氣質優雅的女學生穿著時尚的校服，專注地看著電腦，並輸入 AI 提示詞。桌上擺放著幾本老舊的精裝書，她的表情專注而充滿信心。背景以深青色與金色為主，新藝術和墨水朋克風格，點綴著飄落的白色梔子花。細節精緻，光影效果柔和，色彩飽滿而深邃，營造出富有藝術感的氛圍。畫面比例為 16:9。

> **TIPS 龐克 Punk**
>
> "龐克主義"是起源於 20 世紀 70 年代的亞文化運動，強調反抗主流文化、追求個性與自由表達。"極簡主義"是一種追求簡潔與純粹的藝術和設計風格，20 世紀 50 年代興起，並在藝術、建築、設計…等領域廣泛應用。墨水龐克融合了手繪藝術與龐克文化元素的視覺風格，專注於黑白線條、細膩的細節和懷舊的復古氛圍表達。

插畫風格

提示詞：奈良美智水彩代針筆線條風格，可愛小貓咪。

提示詞：奈良美智水彩代針筆線條風格，可愛的小貓咪，頭上停著一隻紅色小鳥。

提示詞：奈良美智水彩代針筆線條風格，可愛的小貓咪和可愛的小女孩頭上停著一隻小鳥，呈現可愛、極簡風格的插畫，色調明亮，手繪插畫。

提示詞：奈良美智水彩代針筆線條風格，可愛的小貓咪和可愛的小女孩頭上停著一隻小鳥，呈現可愛、極簡風格的插畫，精細細節，色調明亮，以淡藍色和白色背景為主，帶有森林系風格，手繪插畫，面容平和。

CHAPTER 3　ChatGPT 從圖像分析到創作優化的全能助手

3-17

人物肖像圖

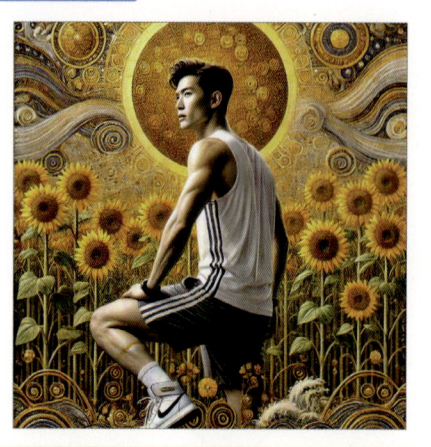

提示詞：克林姆特細膩風格，厚塗油彩，一位正視前方，穿著輕便運動服和白球鞋的亞洲帥氣男運動員，在豔陽天下的高大向日葵田下方的地上。金元素，風元素。

提示詞：創造一幅全身視角的油畫，描繪一隻長毛蘇格蘭牧羊犬、毛髮呈現棕色、黑色和白色，和一位美麗的亞洲女孩，背景是帶有旋轉圖案的抽象畫面。畫作中可見的筆觸增加了紋理，賦予了它一種溫暖、引人入勝的氛圍。

提示詞：擁有飄逸長髮的年輕女子，穿著運動服和牛仔褲，動態行走在繁忙的城市街道上。背景包含台北 101、川流不息的車潮與周邊都市建築，整體色調偏暖色系，並融入仿舊紙張質感。畫面風格強調手繪細節，特別是女子頭髮隨風飄動的動態美感，以及陽光下光影交錯的柔和效果。

提示詞：張大千彩墨風格，一位穿著傳統漢服的高挑優雅甜美活潑年輕長髮女子，回眸一笑，長髮隨風飄，肢體動作靈動，她身穿藍綠色和白色相間的薄紗，髮髻上裝飾著華麗的髮飾，神情溫柔，微笑回頭注視著觀眾，背景為戶外的自然場景。風元素，光元素。

> **TIPS** 金元素與風元素
>
> 金元素呈現金屬質感或金色，展現精緻華麗的畫面效果；風元素使用線條或色塊展現流動的空氣，表現速度和節奏。

商業圖像

提示詞：隈研吾是利用自然材料和傳統技術的創新方法聞名。設計一間隈研吾風格的柔道館，同樣使用大量的木材和自然石材，並將日本傳統建築元素融入現代建築語言中，創造一個溫暖且親近自然的比賽場所。圖像比例：16:9。

提示詞：丹下健三以其功能主義和現代主義風格著名。設計一間丹下健三風格的田徑場，設計將注重簡潔的線條和功能性。建築將具有流線型的屋頂和大面積的透光窗戶，確保自然光最大化利用，創造一個開放而通透的比賽空間。圖像比例：16:9。

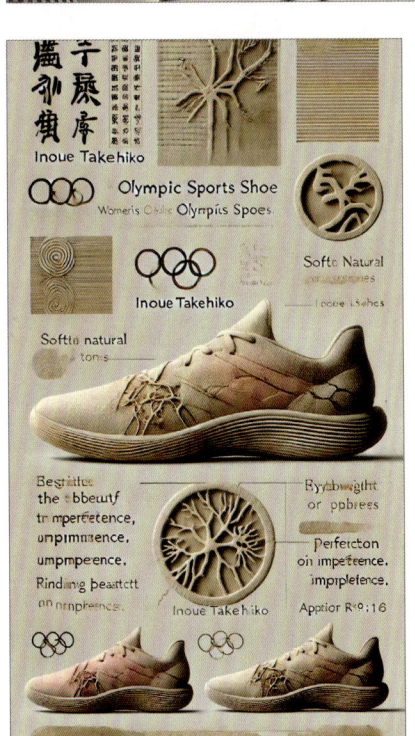

提示詞：設計一款女性奧運專屬運動鞋，採用日本侘寂風格，強調不完美、不永久和不完整的美感。鞋子應選用柔和的自然色彩，如淡粉色或褐色，材質可選用輕柔的麂皮或再生纖維。鞋款應融合細節上的藝術性，如不規則縫合或意味深長的裂痕圖案，這些設計不僅提供視覺上的獨特性，也寓意著在不完美中尋找完美的禪意。圖像比例：9:16。

TIPS 設計名人

› **隈研吾**：日本建築師，專注於自然與建築的融合，創造融入環境的空間。作品：日本國立競技場(2020年，東京奧運主場館)

› **丹下健三**：日本建築師，日本現代主義建築的奠基人，擅長大型公共建築設計。作品：東京奧運會主場館(國立代代木競技場，1964年)

CHAPTER 3 ChatGPT 從圖像分析到創作優化的全能助手

3-19

> 創意主題

ChatGPT 生圖在奇幻與創意主題中展現強大表現力，滿足多元創作需求。

提示詞：一幅台灣投手揮棒瞬間的畫面，背號 24，動作充滿力量和動感。以遞歸的德羅斯特效果表現棒球飛出在投手上方天空的連續軌跡，每個球逐漸縮小並包含在前一個球中。背景為柔和漸變的深藍天空與模糊的觀眾席，增加動態和層次感。整體畫面充滿張力，運用柔和的光影和粒子效果來強調棒球運動的速度。風格上融合現代感與藝術美學，圖像比例為 16:9。

提示詞：異想天開的混合媒體藝術品，描繪的是一位興奮的高大長腿簡筆畫風格，七十歲台灣邋遢糟老頭老書呆，瘋狂的頭髮紮著馬尾辮，交叉著雙腿，穿著黑色褲子、馬拉松鞋、閃閃發光的褶皺夾克和西裝野性的頭髮和帽子，看著一本書坐在台北 101 大樓路邊咖啡館喝一杯熱濃濃的咖啡。背景模糊的夜晚城市景觀，路燈明亮。金元素，風元素，光元素。

水墨風格

提示詞：生成圖像，人生到處知何似，應似飛鴻踏雪泥，泥上偶然留指爪，鴻飛那復計東西，圖像比例：16:9。

提示詞：極簡，抽象，留白。席德進風格水彩山水畫，融合東方水墨渲染與鄉土民俗元素。以粗大 sumi-e 筆觸和張大千水墨半透明水彩渲染描繪鄉村大山，墨綠與墨藍為主，濕筆呈現遠山。下方簡約描繪農舍、農人、牛、農田與電線桿，深藍、深綠、深紅、深黃營造寧靜鄉村氛圍。圖像比例：16:9。

3-5 分析照片、生成和編修提示詞

3-5-1 以照片生成提示詞

對話框點選 ➕ \ **從電腦上傳**，於本機選取欲上傳的照片，點選 **開啟** 鈕，於對話框輸入並送出以下提示詞：「請分析圖像，並給我中文提示詞。」

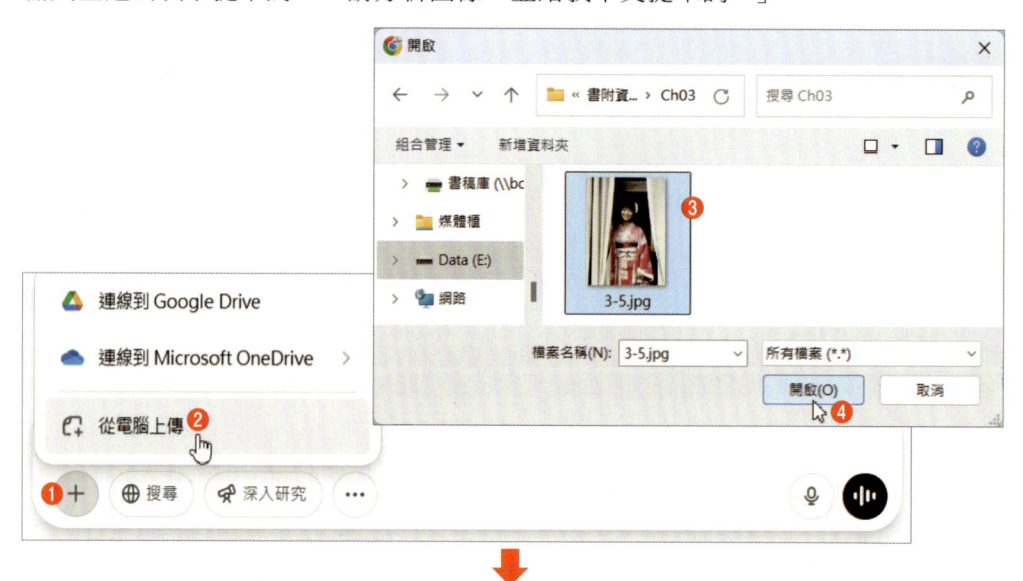

此圖像呈現一位穿著傳統和服的年輕女子，她身穿紅色和粉色相間的和服，圖案上裝飾著花卉，手提一個配有花紋的和風包包，站在一面白色布簾後微笑注視著觀眾。她的髮型簡單大方，髮上插有白色羽毛裝飾，整體給人一種溫柔且傳統的日式風情。

提示詞：「**年輕女子穿著紅色和粉色花卉圖案和服，手提和風包包，站在白色布簾後微笑注視觀眾，日式風情。**」

3-5-2 以提示詞生成圖像確認視覺效果

1. 利用 ChatGPT 生成的圖像分析與提示詞文字來生成，分別於對話框輸入並送出：

圖像分析：「生成圖像，一位穿著傳統和服的年輕女子，她身穿紅色和粉色相間的和服，圖案上裝飾著花卉，手提一個配有花紋的和風包包，站在一面白色布簾後微笑注視著觀眾。她的髮型簡單大方，髮上插有白色羽毛裝飾，整體給人一種溫柔且傳統的日式風情。」

提示詞：「生成圖像，年輕女子穿著紅色和粉色花卉圖案和服，手提和風包包，站在白色布簾後微笑注視觀眾，日式風情。」

2. 生成兩張圖像，可以比較這兩張圖的差異來選擇，以下將利用"圖像分析"所生成的文字再度進行圖像生成。

▲ 圖像分析　　　　　　　　▲ 提示詞

3-5-3 以照片搭配提示詞生成圖像

對話框點選 ➕ \ **從電腦上傳**，於本機選取該照片，點選 **開啟** 鈕，於對話框輸入並送出以下提示詞：

「生成圖像，一位穿著傳統和服的優雅親切年輕女子，她身穿紅色和粉色相間的和服，圖案上裝飾著花卉，手提一個配有花紋的和風包包，站在一面門口的白色布簾後微笑注視著觀眾。她的髮型簡單大方，髮上插有白色羽毛裝飾，整體給人一種溫柔且傳統的日式風情。圖像比例：16:9」

3-5-4 替換尺寸及風格

1. 接續前面的作品,可於對話框輸入並送出以下提示詞,更改風格及尺寸:

   「浮世繪風格,圖像比例：16:9」

2. 再輸入:「請提供修改後的整段提示詞」,請 ChatGPT 提供修改後的整段提示詞,得到以下一整段完整提示詞:

   「浮世繪風格,一位優雅親切的年輕女服務生,穿著紅色和粉色相間、裝飾著花卉圖案的和服,手提和風包包,站在餐廳門口的長白布簾後,雙手撐開布簾,顯得身材小巧,溫柔微笑注視著觀眾,髮型簡單大方,髮上插有白色羽毛裝飾,整體呈現溫柔傳統的日式氛圍。」

3. 將"浮世繪風格"分別用"日本畫家奈良美智針筆風格"和"日本畫家尾形光琳風格"替換,得到以下結果:

3-6 ChatGPT 協助撰寫、修改和簡化提示詞

不知道如何下手寫提示詞，或是寫得不夠完美，都可以請 ChatGPT 協助撰寫提示詞。為何需要簡化提示詞？因為照自己的寫法，提示詞可能太過冗長，此時 ChatGPT 就是一個好幫手。

3-6-1 ChatGPT 協助生成提示詞

1. 可以把心中的想法直接向 ChatGPT 提問，輸入並送出以下提示詞：

「我到日本奧入瀨溪流欣賞楓葉，走進步道，景色好美，楓葉好紅，溪流，溪石和瀑布好美，請問要如何寫出詩情畫意的提示詞？」

2. 得到兩段 ChatGPT 回覆：

提示詞
秋日晨曦，日本青森奧入瀨溪流，兩岸紅楓如火，溪水清澈見底，靜靜流淌。步道蜿蜒於林間，足下鋪滿金黃與火紅的落葉，溪石點綴，水珠輕彈，偶有小瀑布飛流直下，水霧氤氳，彷如仙境。陽光透過楓葉的縫隙灑下，映得整片溪谷金燦燦。耳邊傳來水流潺潺，風中帶有楓葉的清香，宛若自然的低語，令人沉醉。

簡短詩意版
楓紅如火映溪流，
步道蜿蜒入林幽。
飛瀑輕霧秋日景，
溪石潺潺夢中游。

3-6-2 提示詞生成圖像

於對話框輸入並送出兩段提示詞，參考本章節以文生圖的操作，分別生成圖像。可以發現二張圖片的效果差不多，都是美侖美奐：

▲ 提示詞　　　　　　　　　　　　▲ 簡短詩意版

3-6-3 提示詞修改圖像

1. 如果覺得色彩太過豔麗了，於對話框輸入並送出以下提示詞：「色彩柔美」
2. 如果覺得楓葉太紅了，於對話框輸入並送出以下提示詞：

「楓葉有紅也有黃還有一些綠，畫面輕柔，詩情畫意」

3. 覺得滿意了，請 ChatGPT 提供修改後的整段提示詞，得到以下一整段完整提示詞：

「楓葉紅黃綠交織、秋日山間溪流、柔美詩意景色、步道蜿蜒林間、輕柔水霧飛瀑、溪石潺潺流水、自然夢幻氛圍、紅楓黃葉映溪、清澈溪水反射、溫暖柔和色調、和諧寧靜風景、林間漫步詩情畫意、輕柔明亮畫面、圖像比例：16:9。」

3-6-4 加入藝術風格並簡化提示詞

1. 於對話框輸入並送出以下提示詞，提示詞中加入藝術風格：

「極簡，禪意，日本畫家東山魁夷風格，克林姆細膩風格，厚塗油彩，以寫實的眼光捕捉日本情調之美，使日本畫在保持平面性的同時，增強了畫面的空間感。描繪了一個夢想：(後面接上面的提示詞)」

2. 提示詞變得又臭又長，於對話框輸入並送出：「簡化提示詞」
3. 將簡化的提示詞於對話框輸入並送出：

「極簡禪意風、日本東山魁夷風格、克林姆特細膩紋理、紅黃綠交織楓葉、秋日山間溪流、步道蜿蜒林間、瀑布與溪石點綴、清澈溪水反射、溫暖柔和色調、和諧寧靜氛圍、圖像比例：16:9」

3-7 再現舊圖模樣，更改提示詞

AI 圖像生成的特性非常靈活，每次生成的圖像可能大同小異，甚至是大異其趣；若希望生成一張與過往非常相似的圖像，需藉由原圖為基礎進行再創作。

3-7-1 以原提示詞生成

將原來的提示詞重新生成一次不可以嗎？當然不行，請看以下範例說明，就會知道其間差異。

原圖

提示詞：日本畫東山魁夷風格，以寫實的眼光捕捉日本情調之美，使日本畫在保持平面性的同時，增強了畫面的空間感。春天京都嵐山渡月橋的綠色竹林優美風光，一位穿著和服的女子在竹林間散步，呈現溫柔而傳統的日式氛圍。

再生圖

▲ 場景像舞台

▲ 出現一座橋

3-7-2 生成近乎一致的圖像

針對這樣的結果,可試試"以圖生圖"並輸入原來的提示詞,再一次分析圖像並生圖。有時一次成功,有時則不一定。

1. 對話框點選 ➕ \ **從電腦上傳**,於本機選取欲上傳的原圖,點選 **開啟** 鈕,於對話框輸入並送出以下提示詞:

   >「分析圖像,並創建圖像:日本畫東山魁夷風格,以寫實的眼光捕捉日本情調之美,使日本畫在保持平面性的同時,增強了畫面的空間感。春天京都嵐山渡月橋的綠色竹林優美風光,一位穿著和服的女子在竹林間散步,呈現溫柔而傳統的日式氛圍。」

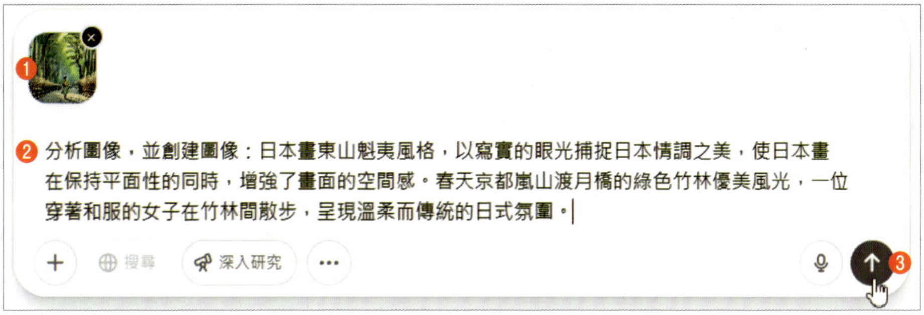

2. ChatGPT 分析結果如下:

   > 這幅圖像的細節如下:
   > 1. **竹林景色**:畫面中呈現層疊的綠色竹林,線條直立,增強了畫面的空間感與深度。
   > 2. **光影效果**:柔和的光線穿透竹葉,營造出清幽的氣氛,並為畫面增加細膩的層次感。
   > 3. **和服女子**:女子穿著和服,步伐輕緩,背影展現溫柔的日式傳統氛圍,與竹林自然景色融為一體。
   > 4. **畫面主題**:捕捉了東山魁夷風格中靜謐和諧的美學,突出了日本情調之美。
   >
   > 接下來,我將根據這幅圖像的描述與細節,創建一幅新的東山魁夷風格圖像。

生成的圖像如下,大致上符合原來的構圖與靜謐侘寂的氛圍:

3-7-3 更改提示詞生成圖像

在聊天室中生成相似圖像後,就能以提示詞調整圖像效果,無論是增加、替換圖像中的條件,都能在聊天室中快速完成。

提示詞:東山魁夷風格插畫,描繪京都嵐山渡月橋的春日竹林景色,層疊的綠色竹林充滿空間感,光線穿透竹葉,形成柔和的光影效果。一位穿著華麗端莊和服的女子與一隻柴田犬在悠閒散步,髮上裝飾傳統髮飾,漫步於竹林小徑,身姿溫柔典雅。綠色竹林景色,竹林排列自然且充滿層次感,營造了深邃的空間感。竹林間的光線通透,營造出柔和的日式氛圍,並在畫面中形成光與影的交錯感。背景融合自然與文化的和諧意境。畫面以細膩的筆觸和柔和的色調呈現,營造寧靜而傳統的日式氛圍。金元素,風元素。圖像比例 16:9。

提示詞:東山魁夷風格插畫,描繪京都嵐山渡月橋的夏日竹林景色,細雨瀰漫,霧氣朦朧,層疊的綠色竹林充滿空間感,光線穿透竹葉,形成柔和的光影效果。一位妙齡女子穿著白色運動衫,面帶微笑,正從竹林小徑跑到鏡頭前面,半身,展現出青春與活力。背景融合自然與文化的和諧意境,畫面以細膩的筆觸和柔和的色調呈現,營造寧靜又充滿動感的日式氛圍。水元素,風元素。圖像比例 16:9。

提示詞:克林姆特風格插畫,描繪京都嵐山竹林的夏日雨景,細雨瀰漫,金元素與光元素交織,營造出層疊的竹林空間感。光線穿透竹葉,投射出閃爍的金色光影。一位妙齡女子穿著白色運動衫,面帶微笑,從竹林小徑跑向鏡頭,畫面聚焦於女子的半身,展現青春活力。背景結合克林姆特風格的華麗金色漩渦與竹林的自然元素,加入雨水、風元素與霧氣,營造出靜謐而華麗的日式氛圍。圖像比例 16:9。

提示詞:克林姆特金箔油畫厚塗、東山魁夷靜謐侘寂、浮世繪櫻花與浪花、梵谷星夜風格,廣角,異想天開,魔幻超現實主義風格,結合超現實主義細節,日系寫實動漫風格,酒精渲染,細節清晰。描繪京都嵐山竹林的下雪冬景,一對穿著運動和服的男女情侶,在海浪上方衝浪,人物細節清晰。背景融合雪覆竹林、梵谷星夜漩渦、絲柏樹,竹葉呈深綠色,隨風搖曳,加入金元素、光影與動態風元素,呈現靜謐又動感的日式氛圍。圖像比例 16:9。

3-8 融合角色、風格、對話與 AI 的視覺創作

ChatGPT 不僅可以精準控制圖像細節,還能生成不同字型的繁體中文,在圖像風格統一、貼圖設計、似顏繪大頭貼生成…等創作過程更靈活,生成結果也更符合需求。

3-8-1 上傳指定色彩組合設計手繪草稿

上傳手繪草稿圖像與欲模仿的顏色組合圖像,透過 ChatGPT 將手繪稿依指定顏色及媒材著色,完成圖像。

1. 於新交談的對話框點選 ➕ \ **從電腦上傳**,於本機選取欲合併的人物照片及圖像,點選 **開啟** 鈕。

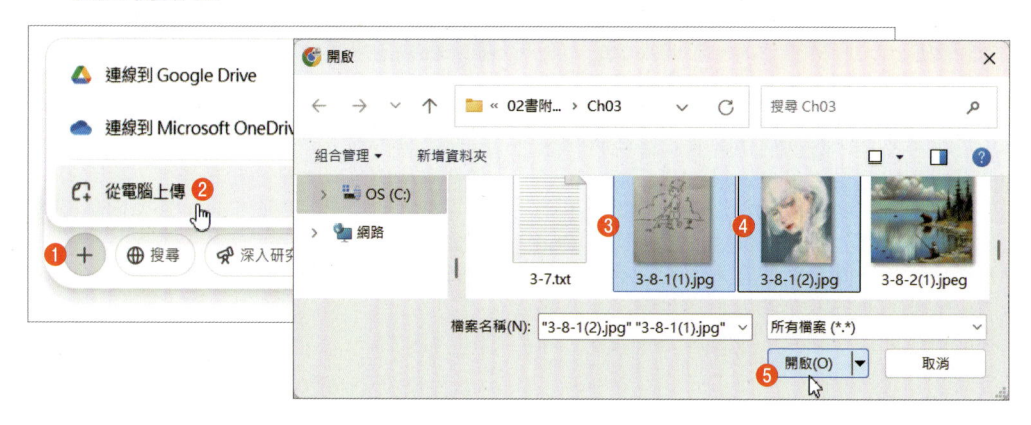

2. 於對話框輸入並送出以下提示詞:

> 「請參考第二張圖像的顏色配置與媒材呈現方式,完成第一張草稿,並保留第一張草稿的風格,9:16。」

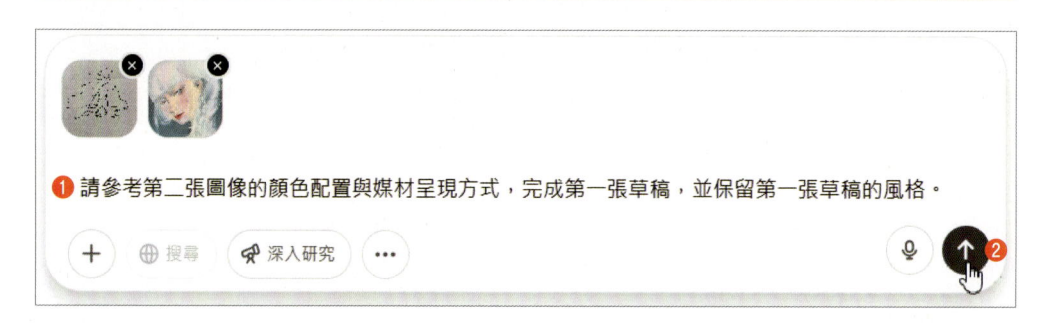

3-30

3. 即生成一張依照指定顏色及媒材完成的圖像。滑鼠指標移至圖像右上角點選 ⬇，即以 .png 檔案格式下載至本機儲存。(若無自動生成圖像,則告知 ChatGPT:請生成風格融合後的圖像。)

3-8-2 依人物照片及背景圖像生成似顏繪

將人物照片轉換為背景圖像的風格,並融合到背景圖像中,打造具有故事感的專屬似顏繪圖像。似顏繪是一種結合人物特徵與創意風格的肖像插畫。

1. 於新交談的對話框點選 ➕\ **從電腦上傳**,於本機選取欲合併的人物照片及背景圖像,點選 **開啟** 鈕。

2. 於對話框輸入並送出以下提示詞:

「將人物照片風格轉換為風景圖像風格,並將人物結合到風景圖像中,圖像尺寸 16:9,人物在圖像左下角位置,放置於中景。」

3. 即生成一張有風景的似顏繪圖像,滑鼠指標移至圖像右上角點選 ⬇ ,即以 .png 檔案格式下載至本機儲存。

3-8-3 依寵物照片製作 Line 貼圖

上傳不同角度的寵物照片並設定風格後,設計動作和表情,加上合適的簡短字句及符號,生成一組完整的貼圖。還可以用提示詞快速去除貼圖背景,方便後續運用。

1. 於新交談的對話框點選 **+** \ **從電腦上傳**,於本機選取寵物照片,點選 **開啟** 鈕。

2. 於對話框輸入並送出以下提示詞:

   「這是同一隻貓,請將這兩張照片轉換為日系手繪插畫風格,線條簡單,以大色塊呈現,重新生成這兩張圖像。」

3. 生成改變風格的寵物圖像。

4. 於對話框輸入並送出以下提示詞：

「製作十二張貼圖，放置在同一張圖像內，並加上繁體中文的手寫字體，使用蠟筆書寫。

1. 表情動作：張大嘴巴，瞇著眼睛打呵欠，旁邊有太陽圖案。
   文字：早安

2. 表情動作：頭歪向一邊，睜大眼睛豎起一邊耳朵。
   文字：？

3. 表情動作：全身、坐著背對鏡頭，一隻耳朵向後轉，尾巴放在地上，尾端微微翹起。
   文字：偷聽 ...

4. 表情動作：瞇起眼睛，耳朵垂下來，尖端在滴水，頭頂上有蓮蓬頭。
   文字：不想洗澡 ...

5. 表情動作：蜷起身體呈圓形狀，瞇起眼睛，頭上有新月。
   文字：晚安

6. 表情動作：皺眉，躺在地上撕咬一顆毛線球，身上纏滿毛線。
   文字：煩～

7. 表情動作：咬著一條魚。
   文字：粗飯

8. 表情動作：全身毛髮豎起，眼睛睜大。
   文字：嚇！！！

9. 表情動作：跳躍動作停在半空中，捕捉天空中的小鳥。
   文字：打獵

10. 表情動作：伸懶腰，前腳伸長。
    文字：想賴床

11. 表情動作：前腳伸出，撥掉插著小白花的花瓶。
    文字：滾。

12. 表情動作：蓋著被子，露出眼睛。
    文字：躲貓貓

5. 即生成一組有繁體中文及符號的寵物貼圖。於對話框輸入並送出以下提示詞，即可將圖像快速去背：

「將圖像背景轉換為透明背景。」

6. 滑鼠指標移至圖像右上角點選 ⬇，即以 .png 檔案格式下載至本機儲存。

3-35

TIPS 以指定文字、人物照片製作貼圖

指定文字製作貼圖

設定好貼圖需要的文字後，請 ChatGPT 依照這些文字生成相對應的貼圖：

「幫我製作一組九張的 Q 版可愛的小和尚 Line 九宮格表情貼圖，包括：平安、吉祥、早安、晚安、謝謝你、有您真好、Ok、生日快樂、讚。」

人物照片製作貼圖

上傳人物照片後，請 ChatGPT 依照片中的人物，加上需求設計一組貼圖：

「請依照片中的人物外觀幫我製作一組 Q 版 Line 九宮格表情貼圖，並設計不同色系、清新並帶有小花、蝴蝶結的構圖。加上文字平安、早、晚安、謝謝你、有您真好、Ok、生日快樂、好。」

3-8-4 中文情境對話繪本設計

透過 ChatGPT 生成繪本大綱及對話內容設計,並依照分頁快速完成帶有對話內容的繪本圖像。

1. 於對話框輸入並送出以下提示詞:

「我想製作一本 6 頁的兒童繪本,以西遊記唐僧取經的「孫悟空大戰牛魔王」為主題,寫出一篇故事大綱,包含情節與人物對話,並以 "頁" 分段。」

2. 依 ChatGPT 生成的 6 頁繪本故事大綱,於對話框輸入並送出以下提示詞:

「依據故事大綱生成第 1 頁繪本圖像,童趣手繪幽默風格,包含精彩畫面及人物對話。」

3. 生成第 1 頁繪本圖像,依相同步驟,完成剩下的 5 頁繪本圖像。

3-8-5 製作流程圖

設定主題、流程步驟、風格需求、呈現方式、使用文字及詳細內容，即可快速生成流程圖。

1. 於對話框輸入並送出以下提示詞：

   「請依照以下條件生成圖像

   主題：ChatGPT 製作 line 表情貼圖流程圖。

   流程步驟：共三步驟，1. 提出主角形象、2. 風格、表情、動作姿態、3. 逐一生成，九宮格圖示。

   風格需求：可愛童趣彩色手繪圖風格。

   呈現方式：一張 9:16 尺寸的流程圖。

   使用文字：繁體中文。」

2. 生成流程圖。滑鼠指標移至圖像右上角點選 ⬇，即以 .png 檔案格式下載至本機儲存。

3-8-6 製作圖文宣導海報

設定主題、詳細內容、風格需求、呈現方式及使用文字，即可快速生成帶有文字的海報。

1. 於對話框輸入並送出以下提示詞：

   「請依照以下條件生成圖像

   主題：健康長壽小秘訣。

   詳細內容：共六個主題，均衡飲食、適量運動、保持社交、充足睡眠、定期健康檢查、保持好心情。

   風格需求：活力銀髮風格。

   呈現方式：一張 9:16 尺寸的海報。

   使用文字：繁體中文。」

2. 生成宣導海報。滑鼠指標移至圖像右上角點選 ⬇，即以 .png 檔案格式下載至本機儲存。

單元練習

一、請簡略寫出心中的四個願望，當作提示詞輸入生圖，看看結果如何，也可再自行添加喜歡的風格的描述，以下為參考範例：

1. 希望擁有強健的體魄與健康。
2. 希望環境永續，世界和平。
3. 希望能環遊世界，感受不同文化的魅力。
4. 希望實現夢想，提升自我，實現個人成長與成就。

二、請將上圖四個願望,改寫成富有詩意又感人的願望文案,以此文案為提示詞生圖,也可再自行添加喜歡的風格的描述,以下為參考範例:

1. 希望擁有強健的體魄與健康:願我的每一次呼吸都伴隨著健康的節奏,擁有強健的體魄去擁抱人生的每一刻,讓生命的每一天都充滿活力與光彩。

2. 希望環境永續,世界和平:願我們珍愛這片藍色星球,守護每一片森林與海洋,共創一個和平與永續的世界,讓未來世代同樣能感受這份美好。

3. 希望能環遊世界,感受不同文化的魅力:願我的雙腳能踏遍世界的每個角落,用心去感受每一種文化的深情與魅力,將地球的故事珍藏於我的記憶之中。

4. 希望實現夢想,提升自我,實現個人成長與成就:願我勇敢追逐心中的理想,攀登自我成長的高峰,將每一步的努力化為璀璨的成就,成就一個更好的自己。

4

MS Copilot 聊天式圖像生成

Microsoft Copilot 經由聊天的方式來生成圖像，不僅可以使用自然對話替換視覺風格，還能提供創意無限的靈感，提高創作效率。日常生活中所使用的社群貼圖，或是快速轉換圖像生成風格，都能用 Microsoft Copilot 快速完成。

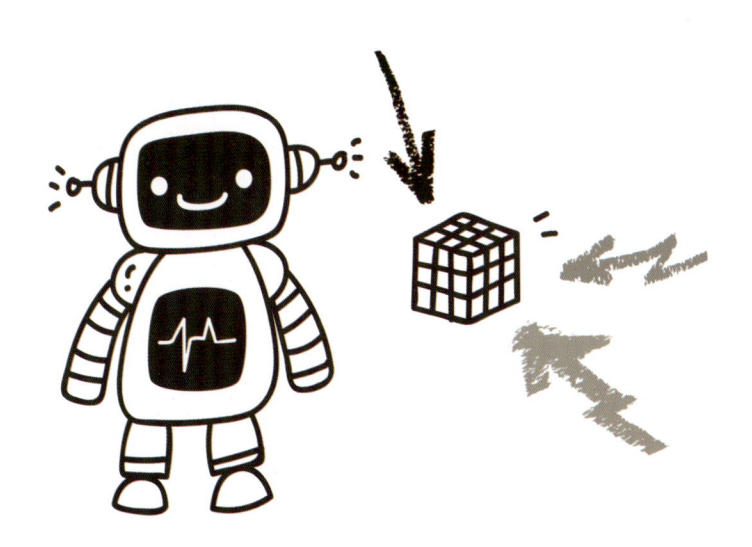

4-1 認識 Microsoft Copilot

透過 Microsoft Edge 瀏覽器皆可使用內建 Copilot 隨時生成圖像，在使用前先認識 Microsoft Copilot AI 聊天助理。

4-1-1 Microsoft Copilot 是什麼？

Copilot 是 Microsoft 與 OpenAI 合作開發的 AI 助理，不僅可以回答問題、提供資訊、生成文案⋯等，還能生成圖像。使用 DALL‧E 模型，透過聊天的方式生成高質量圖像，無論是實現創作或是社群貼文使用，皆能帶來新靈感與創意。

4-1-2 Copilot 圖像生成特點

應用優勢

- **免費生成**：免費版及付費版 (Copilot Pro) 皆可生成圖像。
- **無圖像生成次數限制**：免費用戶每日有 15 點生成加速點數可以用，加速點數使用完後，圖像生成速度會稍微下降，但依然可以生成圖像。
- **修改生成的圖像**：非單次生成，可在聊天室中透過提示詞修改生成的圖像。

生成限制

- **兒少不宜**：嚴格限制暴力、情色⋯等影響兒童及青少年身心發展的圖像生成。

4-1-3 Copilot 與 Designer 圖像生成比較

Copilot 與 Designer 都是 Microsoft 的圖像生成工具，下表列出兩個 AI 工具的差異。

	Copilot	Designer
圖像生成模型	DALL‧E	DALL‧E
圖像生成方式	聊天生成	單次生成
圖像編輯工具	無	有
單次生成圖像數量	1 張	4 張

4-2 開始使用 Microsoft Copilot

使用 Microsoft Edge 瀏覽器內建 Copilot 需先登入 Microsoft 帳號，在此示範開啟瀏覽器、登入並熟悉介面及各項功能的位置。

4-2-1 進入 Copilot 聊天室

1. 開啟 Edge 瀏覽器。(Windows 11 作業系統有內建，若設備為其他作業系統沒有安裝 Edge 瀏覽器，可先使用其他瀏覽器開啟以下網址：「https://www.microsoft.com/zh-tw/edge/download?form=MA13FJ」，進入下載畫面，再依指示選擇合適的版本，完成 Edge 瀏覽器安裝。)

2. 點選左上角 ，再點選 **選擇帳戶** 右側 / **新增帳戶**，點選 **登入以同步資料**。

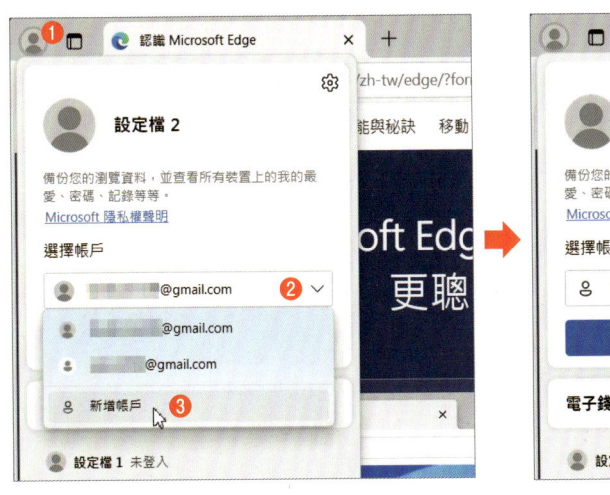

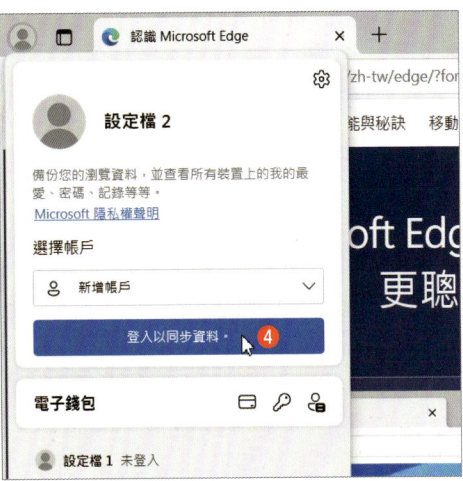

3. 輸入微軟帳戶及密碼，點選 **登入** 鈕。(若無微軟帳戶，可點選下方 **使用任何電子郵件、Gmail 或手機建立！**，再依指示完成帳戶註冊即可。)

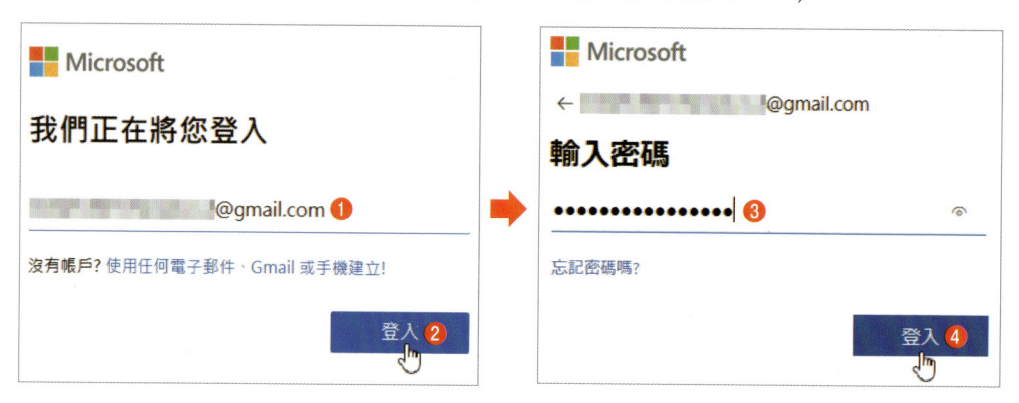

4-2-2 Copilot 畫面認識

瀏覽器畫面

點選畫面右上角 開啟 Copilot 側邊欄聊天室畫面。

❶ 聊天室開關　❷ 網頁畫面　❸ 聊天室畫面

聊天首頁

若無需查看網頁畫面，將滑鼠指標移至聊天畫面左側邊緣會出現雙箭頭，聊天室畫面寬度向左拖曳至最寬，方便專注聊天或生成圖像。

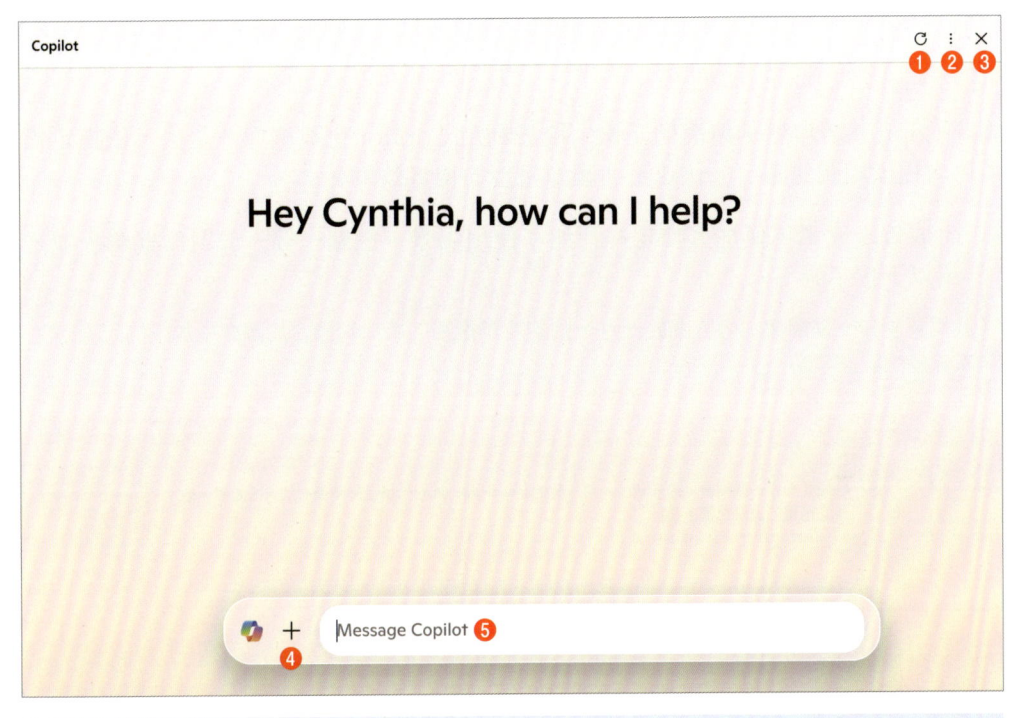

❶ 重新整理　❷ 更多選項　❸ 關閉 Copilot　❹ 開始新聊天或上傳檔案　❺ 聊天對話框

- **更多選項**：Copilot 相關設定和了解 Copilot 功能、個人化、使用權限⋯等詳細說明。

- **開始新聊天與上傳圖片**：點選 **開始新聊天** 可以開啟新聊天室；點選 **上傳圖片** 可以附加圖檔。

- **聊天對話框**：輸入問題、要求⋯等。

4-3　Microsoft Copilot 圖像生成入門

Copilot 透過聊天對話的方式生成圖像,並在生成後可再輸入調整需求,快速調整或修改圖像內容。

4-3-1　聊天式生成圖像

詢問 Copilot 新年賀卡所需的元素,接著利用 Copilot 生成圖像。之後,依指定需求再次提供相關建議,並快速更換圖像呈現的視覺效果。

1. 生成賀卡元素,並加入指定條件如:使用場景、氛圍…等。於對話框輸入並送出以下提示詞:

「我需要製作一張圖像,內容關於一月一號的新年祝福,請提供適合於圖像中加入的元素,並帶有節慶的歡樂氛圍。」

> 我需要製作一張圖像,內容關於一月一號的新年祝福,請提供適合於圖像中加入的元素,並帶有節慶的歡樂氛圍。❶　　❷↑

這聽起來很棒!以下是一些適合加入新年祝福圖像的元素,能夠營造出節慶的歡樂氛圍:

1. **煙火**:色彩繽紛的煙火總是能夠帶來慶祝的感覺。
2. **燈籠**:紅色燈籠象徵著喜慶和吉祥。
3. **鞭炮**:傳統的鞭炮圖案能夠增添節日的熱鬧氣氛。
4. **新年賀詞**:如「新年快樂」、「恭喜發財」等祝福語。
5. **金色和紅色**:這兩種顏色在中國文化中象徵著繁榮和幸福。
6. **生肖圖案**:根據農曆新年的生肖,可以加入相應的動物圖案。
7. **花卉**:如梅花、牡丹等,象徵著新年的美好和希望。
8. **紅包**:紅包象徵著祝福和好運。

希望這些元素能夠幫助你創作出一張充滿節慶歡樂氛圍的新年祝福圖像!

2. 將上述 Copilot 建議的賀卡元素結合，請 Copilot 生成一張新年賀卡。於對話框輸入並送出以下提示詞：

「請結合上述描述，生成一張新年賀圖。」

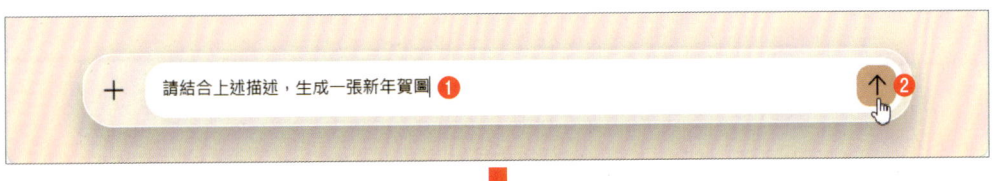

3. 請 Copilot 依指定條件再次給予建議，於對話框輸入並送出以下提示詞：

「若要將圖像改為更受 18~35 歲族群偏好的風格，該如何調整？」

要讓新年賀圖更符合18~35歲族群的偏好，可以考慮以下幾個調整：

1. **現代設計元素**：使用簡約、時尚的設計風格，避免過於傳統的圖案。
2. **鮮豔色彩**：選擇明亮、對比強烈的顏色，如霓虹色，來吸引年輕人的注意。
3. **流行文化元素**：加入一些當下流行的符號或圖案，如社交媒體圖標、流行的表情符號等。
4. **動態效果**：如果是數位圖像，可以考慮加入一些簡單的動畫效果，讓圖像更具活力。
5. **個性化賀詞**：使用年輕人常用的語言或俚語來表達新年祝福，例如「新年嗨翻天」、「2024大吉大利」等。
6. **插畫風格**：採用手繪或插畫風格，讓圖像更具藝術感和親和力。
7. **社交媒體分享**：設計時考慮到圖像在社交媒體上的分享效果，確保圖像在不同平台上都能顯示良好。

希望這些建議能幫助你創作出更受年輕人喜愛的新年賀圖！如果你有其他具體需求或想法，隨時告訴我。

4-7

4. 將上述 Copilot 建議的項目結合,請 Copilot 生成一張新年賀卡。於對話框輸入並送出以下提示詞:

「請結合上述調整方式,生成一張該族群偏好的新年賀圖。」

5. 同樣的,請 Copilot 以指定條件再次給予建議,於對話框輸入並送出以下提示詞:

「若要將圖像調整為 60~75 歲族群偏好的風格,需要加入那些條件及元素。」

要讓新年賀圖更符合60~75歲族群的偏好,可以考慮以下幾個調整:

1. **傳統元素**:使用更多傳統的中國新年符號,如紅色燈籠、鞭炮、福字等。
2. **經典配色**:選擇紅色和金色這些經典的中國新年顏色,象徵吉祥和繁榮。
3. **書法字體**:使用書法風格的字體來書寫新年賀詞,增添文化氣息。
4. **家庭團聚**:加入家庭團聚的圖像或元素,強調新年團圓的主題。
5. **傳統圖案**:如梅花、竹子、松樹等,這些圖案在中國文化中有著深邊的象徵意義。
6. **祝福語**:使用傳統的祝福語,如「新年快樂」、「身體健康」、「萬事如意」等。
7. **懷舊風格**:採用懷舊的設計風格,讓人感受到過去的美好時光。

希望這些建議能幫助你創作出更符合60~75歲族群喜好的新年賀圖!如果你有其他具體需求或想法,隨時告訴我。

6. 將上述 Copilot 建議的項目結合，請 Copilot 生成一張新年賀卡。於對話框輸入並送出以下提示詞：

「請結合上述調整方式，生成一張該族群偏好的新年賀圖。」

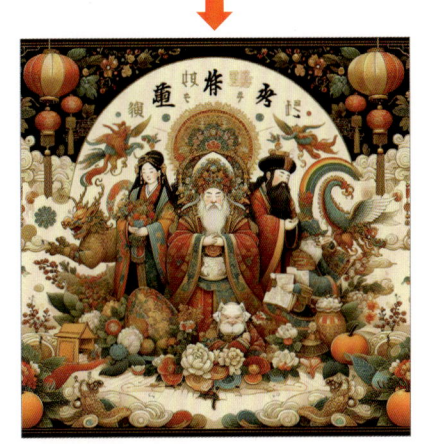

7. 點選生成圖像右方的 ⬇ ，即會以 .png 檔案格式儲存至本機。

這裡是我為你生成的新年賀圖，適合 60~75 歲族群，包含了傳統元素、經典配色、書法字體、家庭團聚、傳統圖案、祝福語和懷舊風格。希望你喜歡！

CHAPTER 4　MS Copilot 聊天式圖像生成

4-9

4-3-2 提示詞替換圖像風格

生成圖像後,輸入欲更換的風格提示詞,即可保留原本圖像中的條件,快速替換風格。

1. 點選 ➕ \ ✏️ 開啟新聊天畫面,請 Copilot 依照提供條件生成一張圖像,於對話框輸入並送出以下提示詞:

「請生成圖像:一隻趴著的巨大的貓占滿一個小房間,一個女孩靠在貓身上看書,貓有柔軟的毛,房間看起來舒適日常,充滿生活感。」

2. 輸入並送出欲更換的風格提示詞:

「改為代針筆素描風格。」

3. 輸入並送出欲更換的風格提示詞：

「改為蠟筆筆觸風格，復古色調。」

4. 點選生成圖像右方的 下載圖示，即可以 .png 檔案格式儲存至本機。

4-11

單元練習

一、請依照下列提示詞,自行練習用 Copilot 圖像生成並活用!

1. 水彩風格,小女孩騎單車載著貓。
2. 素描風格,小女孩騎單車載著貓。

二、請依照下列提示詞,自行練習用 Copilot 圖像生成並活用!

1. 一位纖細女性天使在祈禱,側背對前面,身邊散發微弱的淺藍色和淺金色光暈,巨大的翅膀垂在地上,黑色背景,油畫,柔和夢幻,寫實主義 (realism)、極簡。

2. 一位精緻的女性天使跪在地上祈禱,微微轉身,周圍環繞著淡藍色和淡金色的光暈。她巨大的翅膀垂落到地面,帶有柔和的藍色透明感和柔和的光暈,地上有兩根掉落的羽毛。背景是黑色的,整體風格是柔和、夢幻、寫實、極簡和平面的油畫風格。翅膀有柔和的藍色透明感和柔和的光暈,光線細膩柔和。空氣中彌漫著輕微的光塵。

MS Designer 多元化應用

Microsoft Designer 結合各式生成圖像範本、AI 編輯功能與設計素材，不僅能選擇各種風格輔助圖像生成，還能使用編輯功能進行細節調整與素材融合。無論是手機桌布生成還是邀請函及海報設計與製作，都能快速應用 Microsoft Designer 完成。

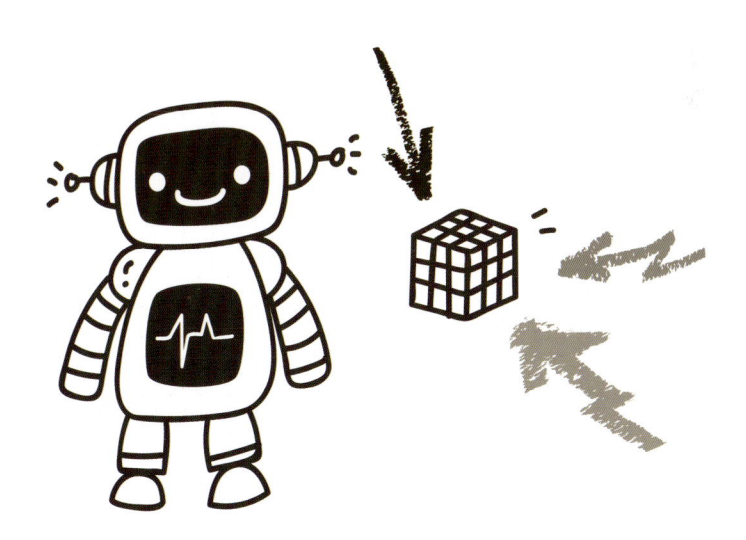

5-1　認識 Microsoft Designer

Microsoft Designer 操作簡單直觀且功能多樣，在開始進行主題式生成示範之前，先介紹其應用優勢與生成限制。

5-1-1　Designer 是什麼？

Microsoft Designer 是微軟開發的 AI 圖像生成工具，支援中、英文提示詞。內建多樣化的範本可以輕鬆生成各式設計，如：廣告、海報、邀請卡、社群貼圖、icon 圖示…等。

5-1-2　Designer 圖像生成特點

應用優勢

- **編輯功能**：生成的圖像皆可以使用 AI 編輯工具微調，靈活變更調整圖像中的部分設計。
- **語言混用**：可用中文搭配英文提示詞的方式精準生成圖像。
- **精美範本**：提供高品質的範本構想和提示詞，快速生成風格相似的圖像。

生成限制

- **單次生成**：不能修改以提示詞生成的圖像，只能再次輸入提示詞重新生成另外一組圖像。
- **內容限制**：不能使用暴力、犯罪、血腥、色情、兒童不宜…等相關提示詞生成圖像。
- **快速建立圖像點數**：Microsoft Designer 提供 AI 生成點數，免費用戶每月自動補足 15 點，每次生成圖像會消耗 1 點；付費用戶則無次數限制。

5-1-3　Designer 與 Bing 圖像生成比較

Designer 與 Bing "影像建立工具" 都是 Microsoft 的圖像生成工具，下表列出這兩個 AI 工具的差異。

	Designer	Bing
圖像生成模型	DALL・E	DALL・E
圖像生成方式	單次生成	單次生成
圖像編輯工具	有	無
單次生成圖像數量	4 張	4 張
免費使用	免費版每月有使用額度限制	免費使用

5-2 開始使用 Microsoft Designer

使用 Microsoft Designer 前先了解進入方式以及介面和各項功能位置。

5-2-1 進入 Designer 首頁

1. 於瀏覽器網址列輸入：「https://designer.microsoft.com/home」，進入 Microsoft Designer 首頁，畫面右上角點選 **登入** 鈕。

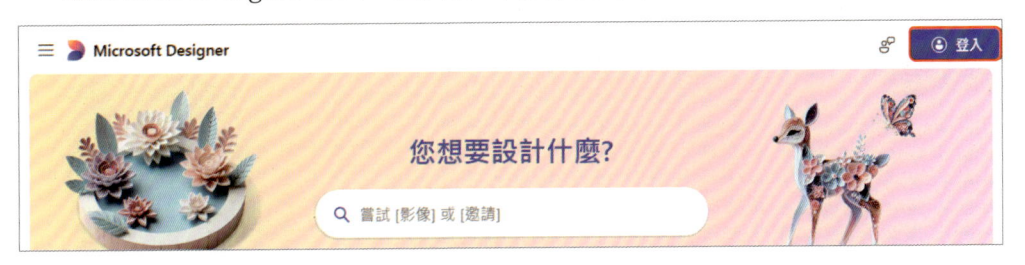

2. 輸入帳號後點選 **下一步** 鈕，點選 **傳送驗證碼** 鈕，即傳送驗證碼至欲登入的帳號電子信箱中。(若無微軟帳戶，點選下方 **建立一個吧！**，再依指示完成帳戶註冊即可。)

3. 輸入驗證碼後點選 **登入** 鈕，即完成 Designer 登入。

5-2-2 Designer 首頁畫面認識

❶ 使用 AI 建立　❷ 我的專案　❸ 建立 AI 圖像或新專案　❹ 帳戶管理　❺ 範本及專案類型搜尋列　❻ 使用 AI 建立　❼ 使用 AI 編輯　❽ 從頭開始設計　❾ 熱門主題範本　❿ 返回首頁

- **使用 AI 建立**：**圖形** 與 **設計** 點選任一類型會進入 AI 圖像生成畫面。**社交媒體** 清單點選任一選項則進入編輯畫面。

- **我的專案**：使用 AI 生成的圖像與編輯過的專案會儲存於此處，點選圖像可單張放大檢視；點選編輯過的設計專案會進入編輯畫面。

- **帳戶管理**：查看帳戶資訊、設定或登出…等功能。

- **範本及專案類型搜尋列**：可輸入關鍵字搜尋範本類型，再於清單中點選進入影像生成畫面或建立新專案。

- **使用 AI 建立**：包含 **影像**、**圖示**、**桌布**、**邀請函**…等，點選任一主題即進入 AI 圖像生成畫面，內有該主題的圖像生成範本。

- **使用 AI 編輯**：包含 **移除背景**、**重塑影像**、**生成式清除**…等 AI 編輯工具，可編輯 Designer 生成的影像，也可以上傳圖像建立新專案並編輯。

- **從頭開始設計**：分為 **生產力**、**社交媒體**、**列印**、**紙張** 及 **相片** 五種類型，每個類型皆有不同尺寸可以選擇，點選後即進入專案編輯畫面。

5-3　Microsoft Designer 圖像生成入門

從零開始使用 Microsoft Designer，只需輸入提示詞即可生成圖像，套用範本則能快速建立高質量視覺效果，最後輕鬆下載並儲存生成的精美影像。

5-3-1　進入 AI 圖像生成畫面

於首頁 **使用 AI 建立** 點選 **影像**，進入 **建立影像** 畫面。

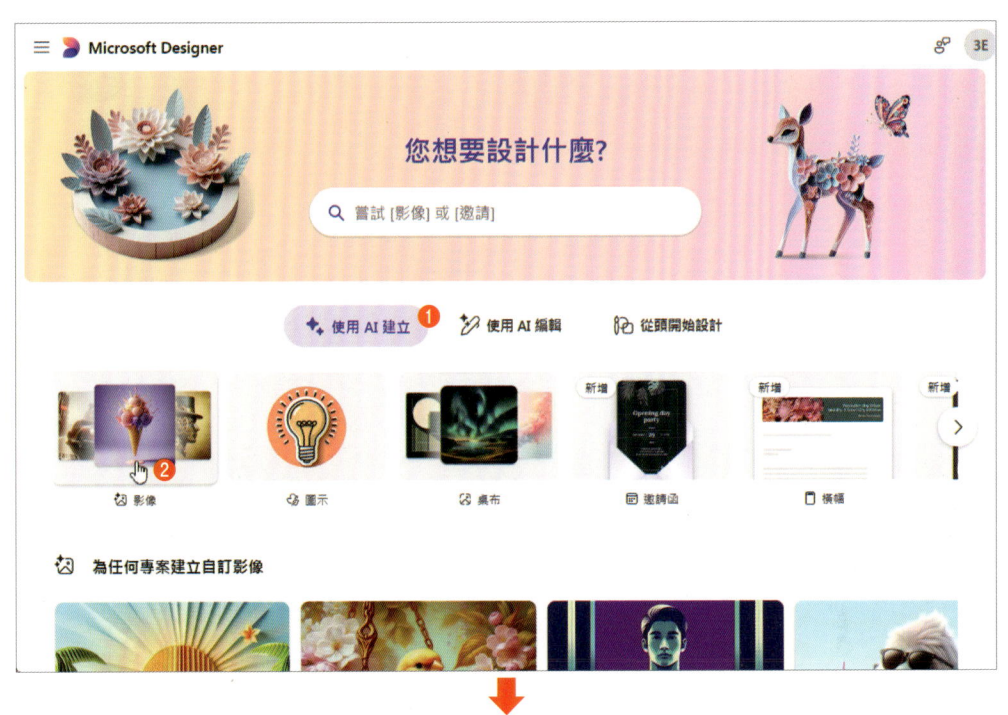

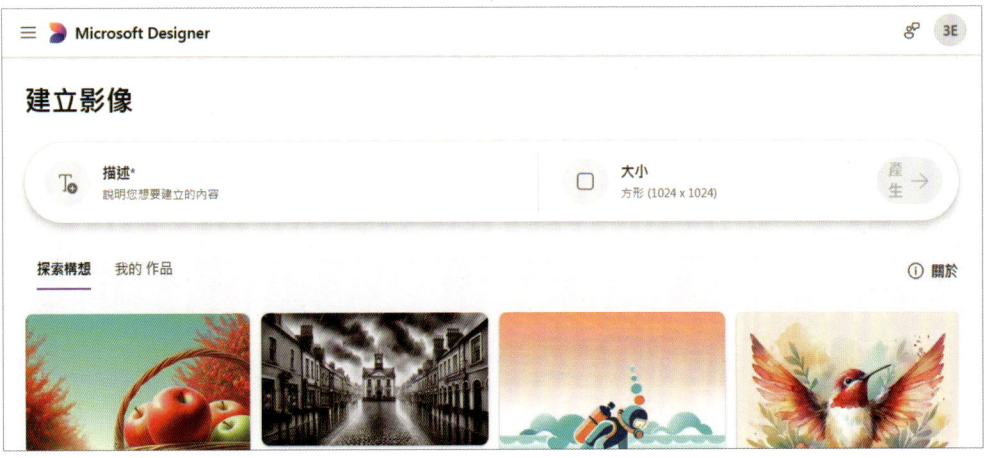

5-3-2 輸入提示詞生成圖像

於 **建立影像** 畫面，**描述** 欄位輸入以下提示詞，點選 **大小** 設定尺寸後，點選 **產生** 鈕生成圖像：

> 「霓虹配色，一個穿著厚羽絨外套的年輕女孩坐在地上抱著一隻貓，貓正在親暱的用頭磨蹭她的臉頰。數位藝術風格。」

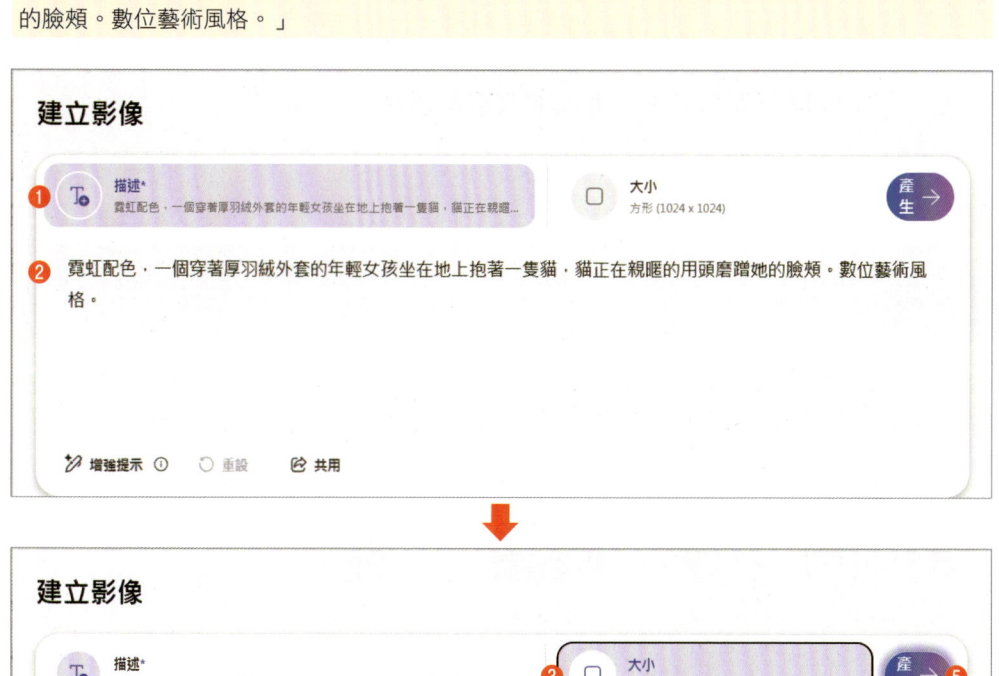

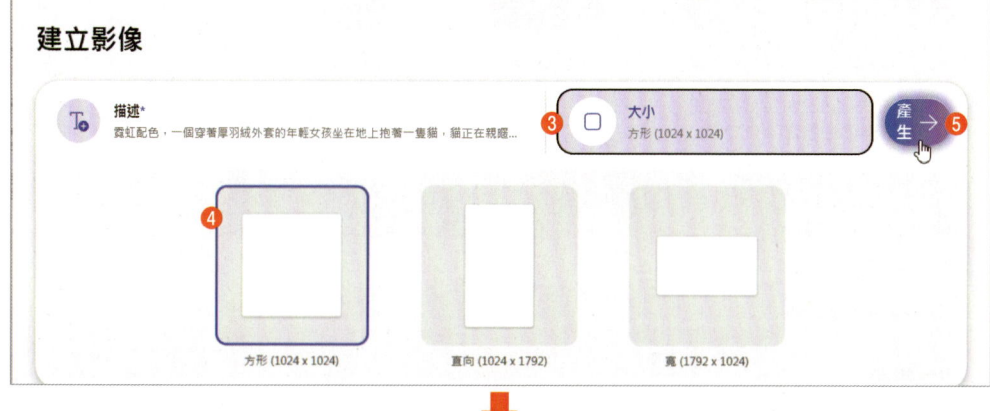

5-3-3 套用範本生成圖像

除了於 描述 欄位直接輸入提示詞外,也可以利用下方的 探索構想 範本,替換填充提示詞快速生成影像。

1. **產生提示詞**:於 建立影像 畫面點選 探索構想 標籤,將滑鼠指標移至範例圖像上會出現提示詞,點選該圖像後, 描述 欄位就會出現提示詞。於提示詞填充格輸入合適的關鍵字,點選 大小 設定尺寸後,點選 產生 生成圖像。

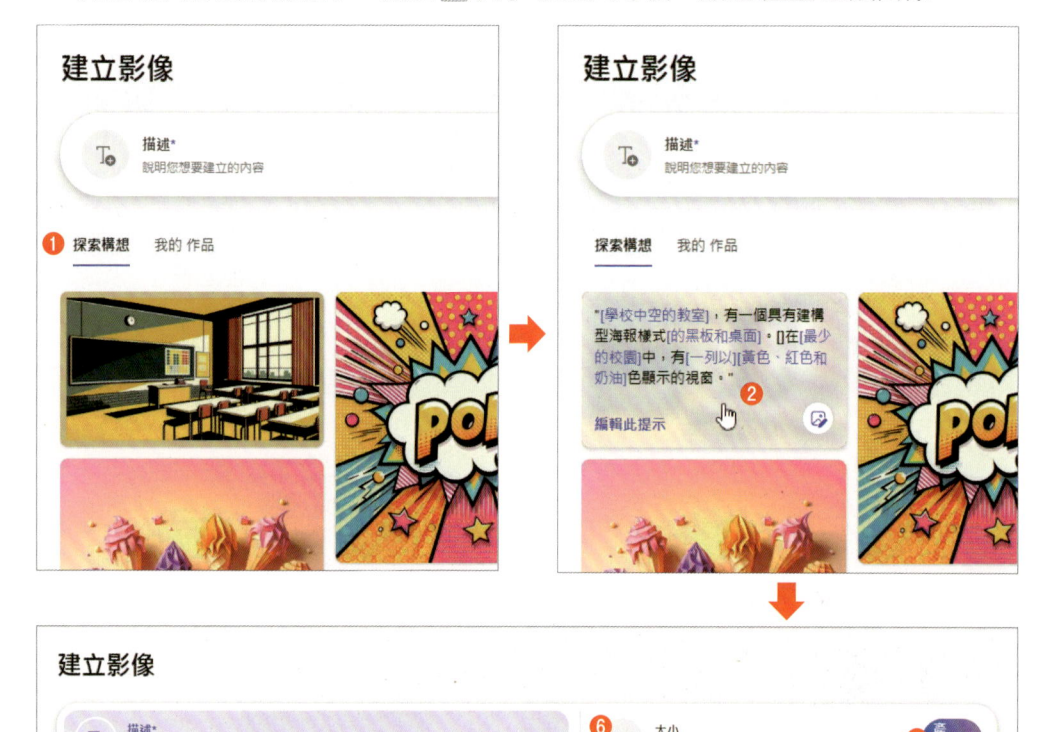

2. **產生結果**:生成圖像後,若對結果不甚滿意,可依需求調整關鍵字,重新輸入並生成另一組圖像。

5-3-4 圖像下載、傳送至手機

1. 影像生成完成後，可於 **我的作品** 標籤中看到影像，將滑鼠指標移至欲下載的圖像，於圖像右上角點選 ⬇ 即下載 .jpeg 檔案格式至本機儲存。

2. 若要傳送至手機，點選圖像放大檢視後，點選 **下載** 鈕 \ **傳送至手機**，產生一組 QR Code，用手機掃描並依畫面上的提示完成下載。

5-3-5 管理生成的圖像和專案

Microsoft Designer 生成的圖像、建立並編輯過的專案皆會自動儲存並排列於 **我的專案** 中。

於首頁點選 **我的專案** 進入 **所有專案** 管理畫面，可看到依提示詞為主題整理的專案項目以及後續於編輯畫面設計的專案作品，畫面右上角則為已使用的雲端儲存空間。

> 刪除專案中的單一圖像

1. 點選要刪除的專案放大檢視，點選圖像左右兩側 < 或 > 可切換查看專案中的圖像。

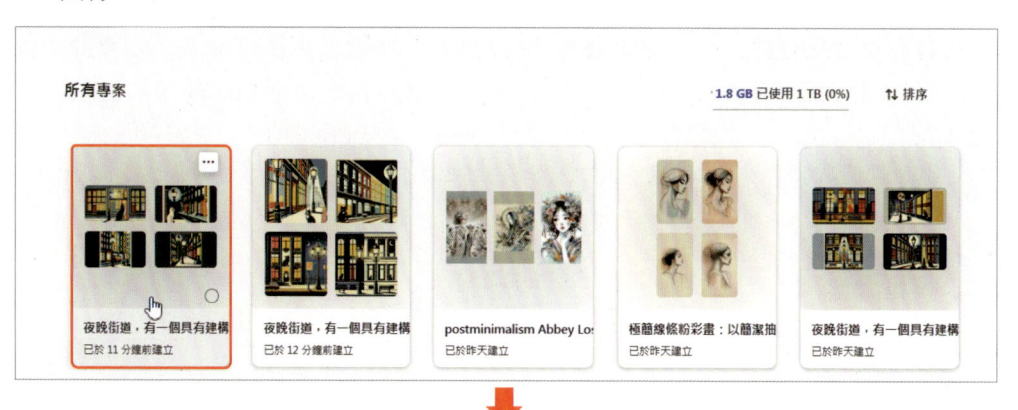

2. 點選 **刪除 \ 刪除** 鈕即可刪除該組專案中的單一圖像。右上角點選 X 回到 **所有專案** 畫面。

刪除整組專案

將滑鼠指標移至欲刪除的專案，右上角點選 ⋯ \ 🗑 **刪除**，跳出的對話框點選 **刪除** 鈕。

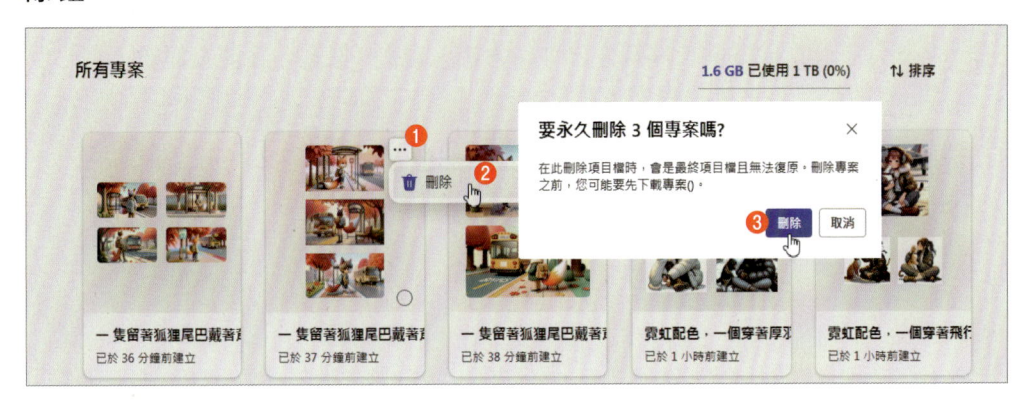

刪除多組專案

將滑鼠指標移至欲刪除的專案，核選右下角 ◯ 呈 ✅，將需刪除的專案選取後，點選 🗑 **刪除** \ **刪除** 鈕。(點選 **已選取 ** 個** 右側 ✕ 一次取消所有選取。)

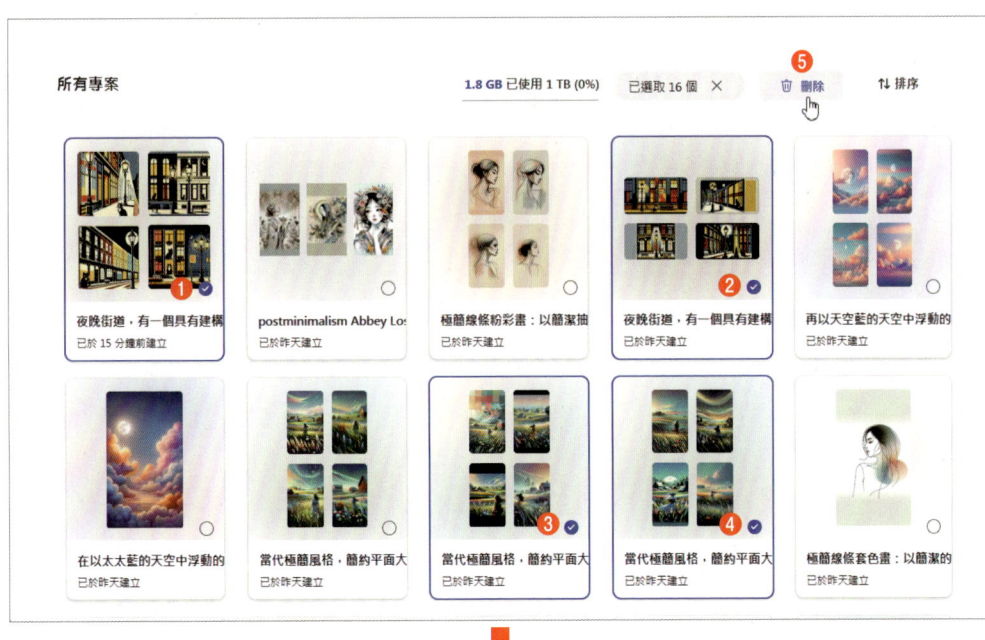

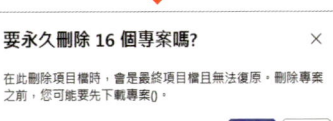

5-4 Microsoft Designer 快速上手

5-4-1 輸入提示詞生成手機桌布

Microsoft Designer 提供三種圖像尺寸：**方形**、**直向** 與 **寬**，在此示範輸入提示詞並設定合適的尺寸，生成手機桌布。

1. 於首頁 **使用 AI 建立** 點選 **影像**，進入 **建立影像** 畫面。
2. 於 **描述** 欄位輸入以下提示詞，點選 **大小** 設定直向尺寸後，點選 **產生** 鈕生成圖像：

> 「當代極簡風格，簡約平面大色塊，彩色。微縮小女孩。在畫面左下角。綠意盎然的農場。場景從背後仰角觀看，凝視著長滿高草、五彩繽紛的野花和遠處農舍生機勃勃的田野。一陣狂風吹過，天空有發光的海底生物，氛圍神奇，色彩柔和自然，天空明亮清澈，風格捕捉寧靜鄉村生活的精髓。」

3. 生成四張圖像。生成圖像後，若對結果不甚滿意，可依需求調整提示詞，增減條件，重新生成另一組圖像。

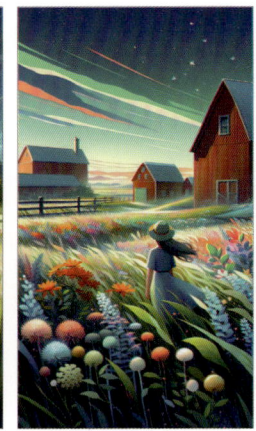

4. 點選圖像放大檢視，點選圖像左右兩側 < 或 > 可切換圖像。若滿意生成的圖像，點選圖像右側 **下載** 鈕儲存至本機。

當代極簡風格，簡約平面大色塊，彩色。微縮小女孩。在畫面左下角。綠意盎然的農場。場景從背後仰角觀看，凝視著長滿高草、五彩繽紛的野花和遠處農舍生機勃勃的田野。一陣狂風吹過，天空有發光的海底生物，氛圍神奇，色彩柔和自然，天空明亮清澈，風格捕捉寧靜鄉村生活的精髓。

5-4-2 範本生成手機桌布

利用內建的範本快速生成手機桌布，首先要選擇 **桌布** 中的範本，替換填充格中的關鍵字，設定尺寸後完成圖像生成。

1. 於首頁 **使用 AI 建立** 點選 **桌布**，進入 **建立桌布** 畫面。

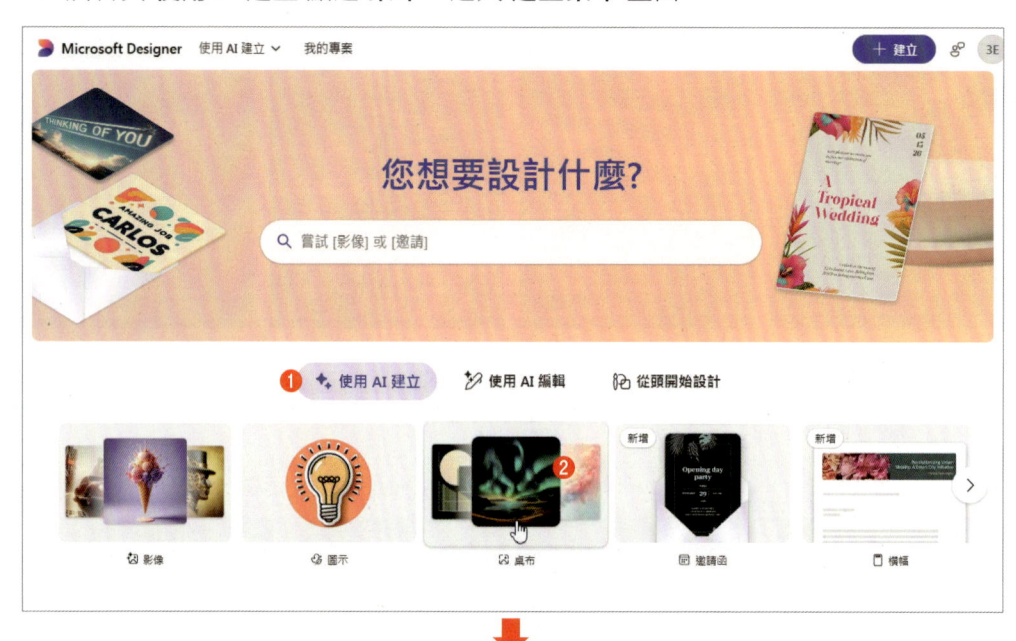

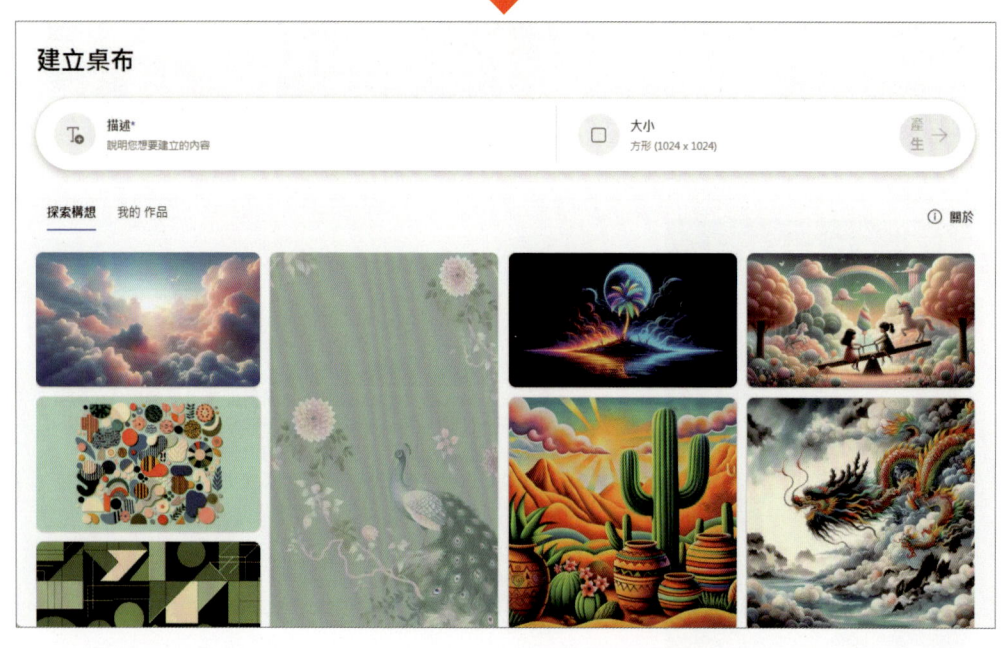

2. 於 **探索構想** 標籤點選欲參考的範本圖像 (將滑鼠指標移至下方範例圖像上即會出現提示詞)。

3. **描述** 欄位出現該圖像提示詞,於提示詞填充格輸入合適的關鍵字,點選 **大小** 設定直向尺寸後,點選 **產生** 鈕生成圖像。

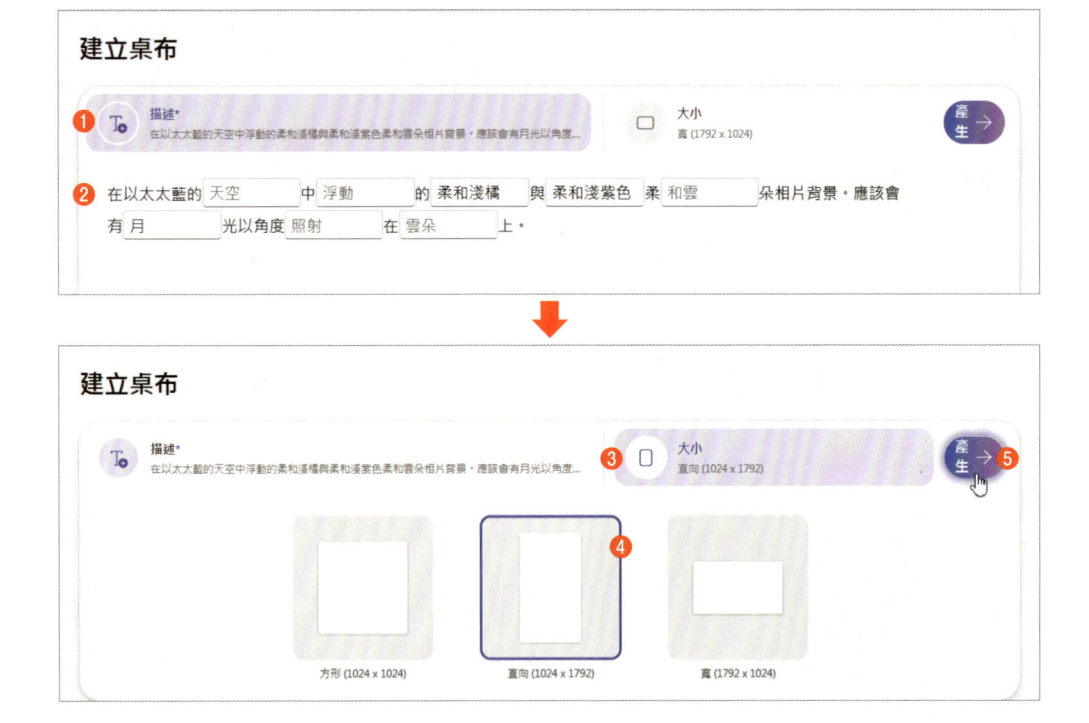

4. 生成四張圖像。生成圖像後，若對結果不甚滿意，可依需求調整關鍵字，重新生成另一組圖像。

5. 點選圖像放大檢視，點選圖像左右兩側 < 或 > 可切換圖像。若滿意生成的圖像效果，點選圖像右側 **下載** 鈕儲存至本機。

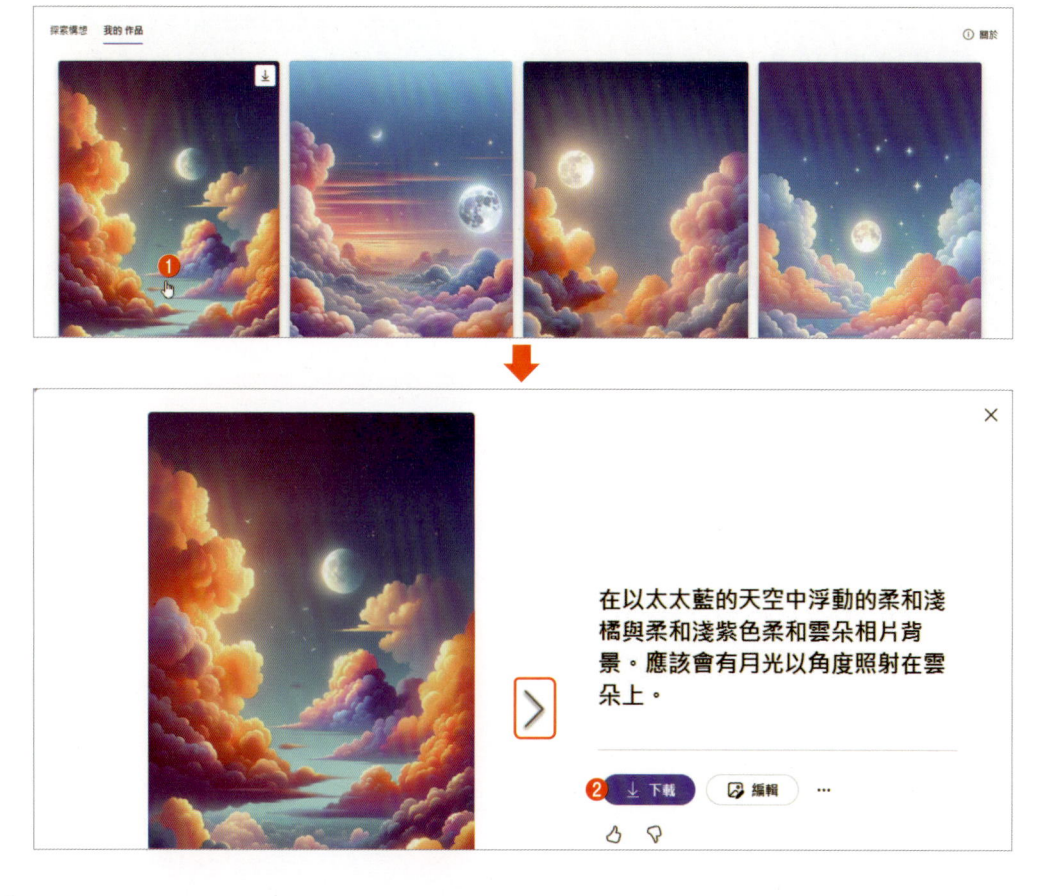

在以太太藍的天空中浮動的柔和淺橘與柔和淺紫色柔和雲朵相片背景。應該會有月光以角度照射在雲朵上。

➔ TIPS 編輯整個提示

若範本提示詞缺少關鍵項目或有不需要的提示詞,可於 **描述** 欄位左下角點選 **編輯整個提示**,就能自行調整內容,完成後點選 **產生** 鈕生成圖像。

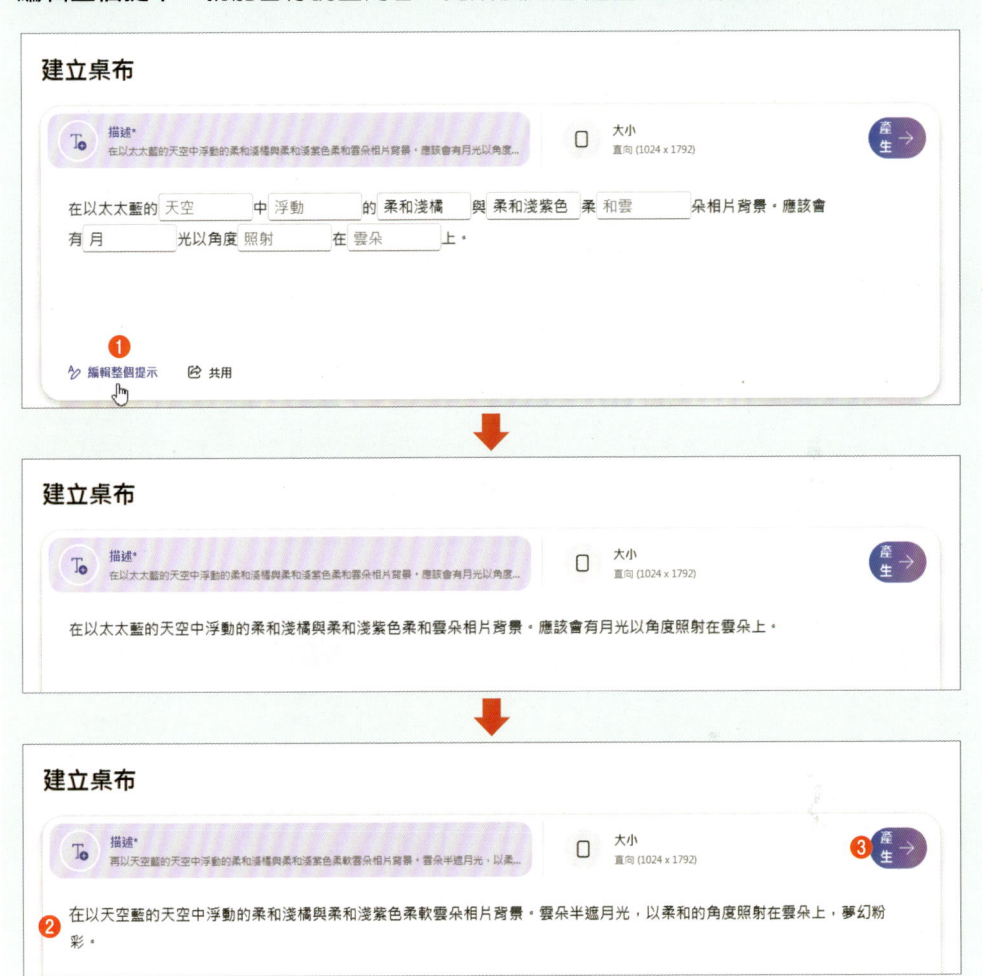

建立桌布

描述*
在以太太藍的天空中浮動的柔和淺橘與柔和淺紫色柔和雲朵相片背景。應該會有月光以角度...

大小
直向 (1024 x 1792)

產生 →

在以太太藍的 天空 中 浮動 的 柔和淺橘 與 柔和淺紫色 和雲 朵相片背景。應該會
有 月 光以角度 照射 在 雲朵 上。

❶ ⚡ 編輯整個提示   ⇄ 共用

⬇

建立桌布

描述*
在以太太藍的天空中浮動的柔和淺橘與柔和淺紫色柔和雲朵相片背景。應該會有月光以角度...

大小
直向 (1024 x 1792)

產生 →

在以太太藍的天空中浮動的柔和淺橘與柔和淺紫色柔和雲朵相片背景。應該會有月光以角度照射在雲朵上。

⬇

建立桌布

描述*
再以天空藍的天空中浮動的柔和淺橘與柔和淺紫色柔軟雲朵相片背景。雲朵半遮月光,以柔...

大小
直向 (1024 x 1792)

❸ 產生 →

❷ 在以天空藍的天空中浮動的柔和淺橘與柔和淺紫色柔軟雲朵相片背景。雲朵半遮月光,以柔和的角度照射在雲朵上,夢幻粉彩。

5-5　實用技巧 - 圖像生成結合文字設計

生成精美的邀請函圖像與草稿內容後，進入編輯畫面調整字型、文字色彩…等各項編輯功能，設計視覺效果，產出作品。

5-5-1　套用邀請函範本生成

1. 於首頁 **使用 AI 建立** 點選 **邀請函**，進入 **建立邀請函** 畫面。

2. 套用 **邀請函** 中的範本，生成相似的設計與排版樣式。點選欲參考的範本圖像（將滑鼠指標移至下方範例圖像上會出現提示詞）。

3. 點選 **描述** 將欄位中的提示詞替換成所需的邀請函文案。(生成的邀請函不會完全依照輸入的文案生成內容，可於後續進入編輯畫面再調整。)

4. 點選 意象，欄位中為該範本的提示詞，將該提示詞替換成所需的邀請函提示詞：

「玻璃高腳杯，紅酒瓶，香氣繚繞」

5. 點選 風格，欄位為該範本圖像風格，替換成所需的邀請函圖像風格。

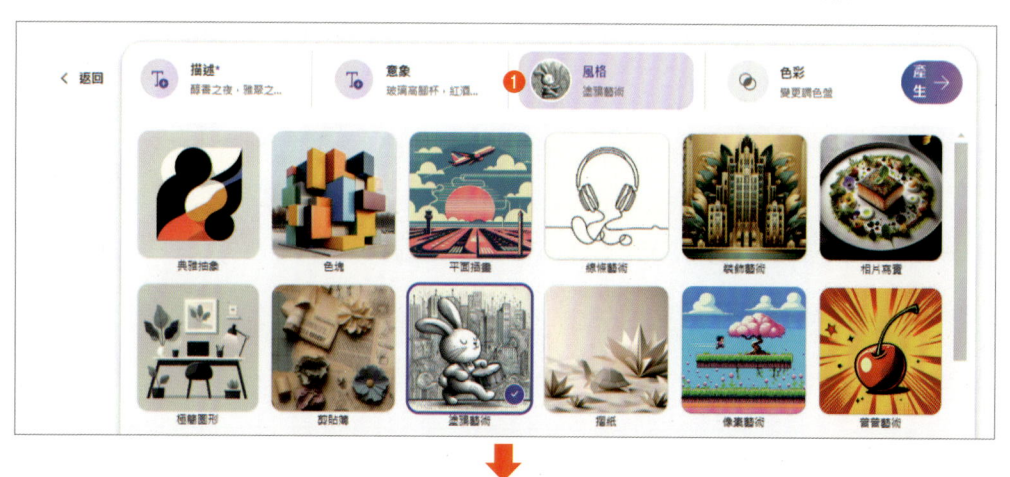

6. 點選 ⬤ 色彩，點選合適的色彩搭配後，點選 **產生** 鈕生成邀請函。(若無指定色彩搭配，會以原範本的色彩搭配生成邀請函。)

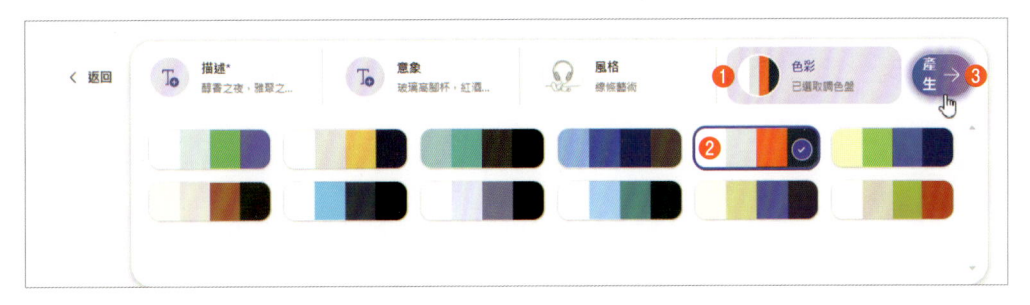

7. 生成四張邀請函，點選左右兩側 ◁ 或 ▷ 可檢視圖像，點選合適的圖像後，點選圖像右下角 **編輯** 鈕開啟編輯畫面。

5-5-2 認識編輯畫面

使用編輯工具前先了解介面和各項功能位置。

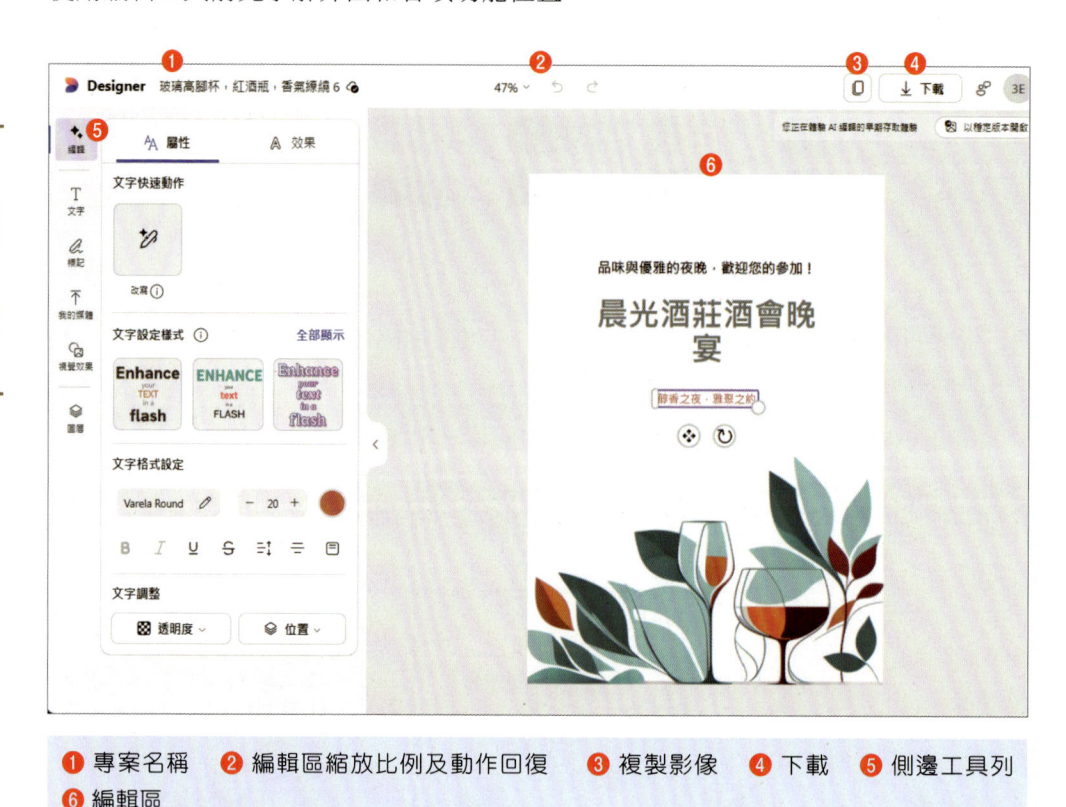

① 專案名稱　② 編輯區縮放比例及動作回復　③ 複製影像　④ 下載　⑤ 側邊工具列
⑥ 編輯區

5-5-3 編輯邀請函文字

1. 側邊工具列點選 **文字 \ 新增文字** 鈕，新增一個文字方塊。

2. 文字方塊輸入如圖文字，於側邊工具列 **編輯 \ 屬性** 標籤設定字型大小：25，將滑鼠指標移到文字方塊呈 ✥ 狀，再拖曳至合適位置擺放。

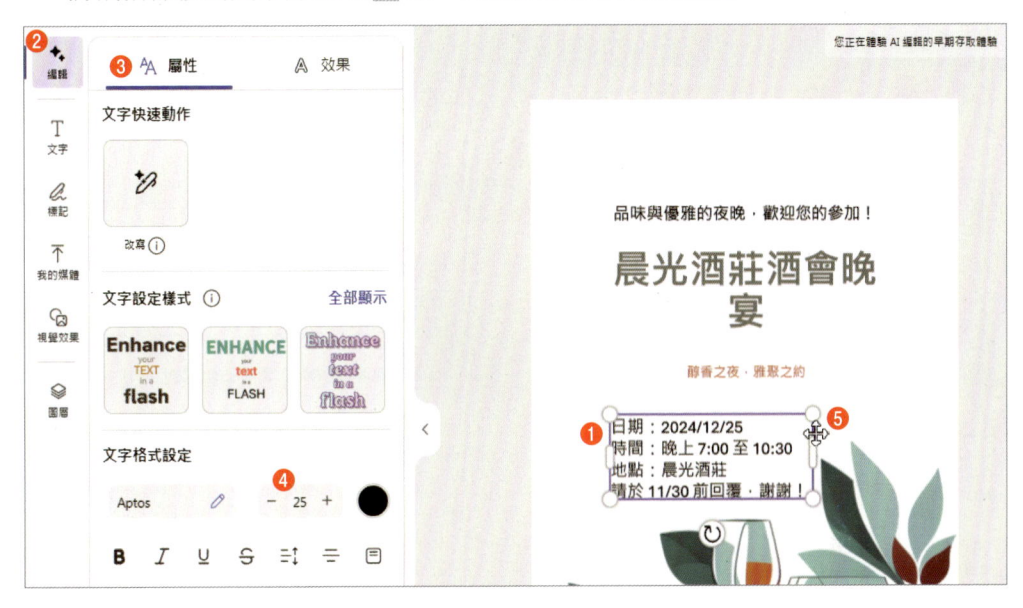

3. 選取如圖文字方塊的狀態下點選 ✏️，於 **字型** 搜尋列輸入並送出：「Edwardian Script ITC」，點選如圖字型套用，點選 **字型** 左側 ＜ 回到上一個畫面。

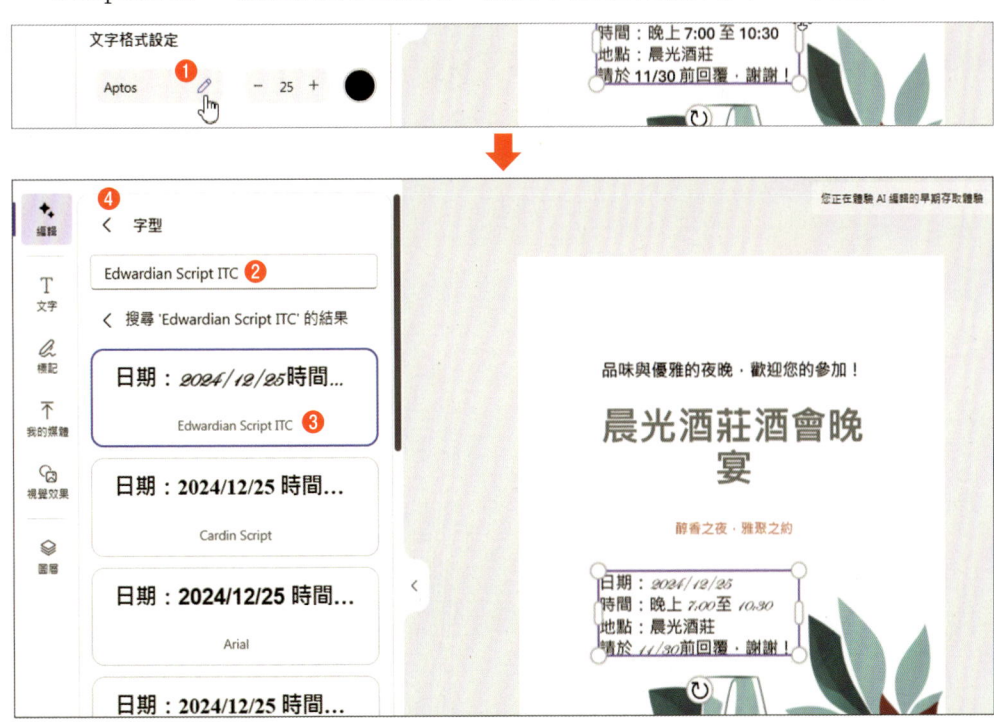

4. 選取如圖文字方塊，依相同方式設定字型：KaiTi、大小：25。設定完成後，點選 **字型** 左側 < 回到 **屬性** 標籤畫面。

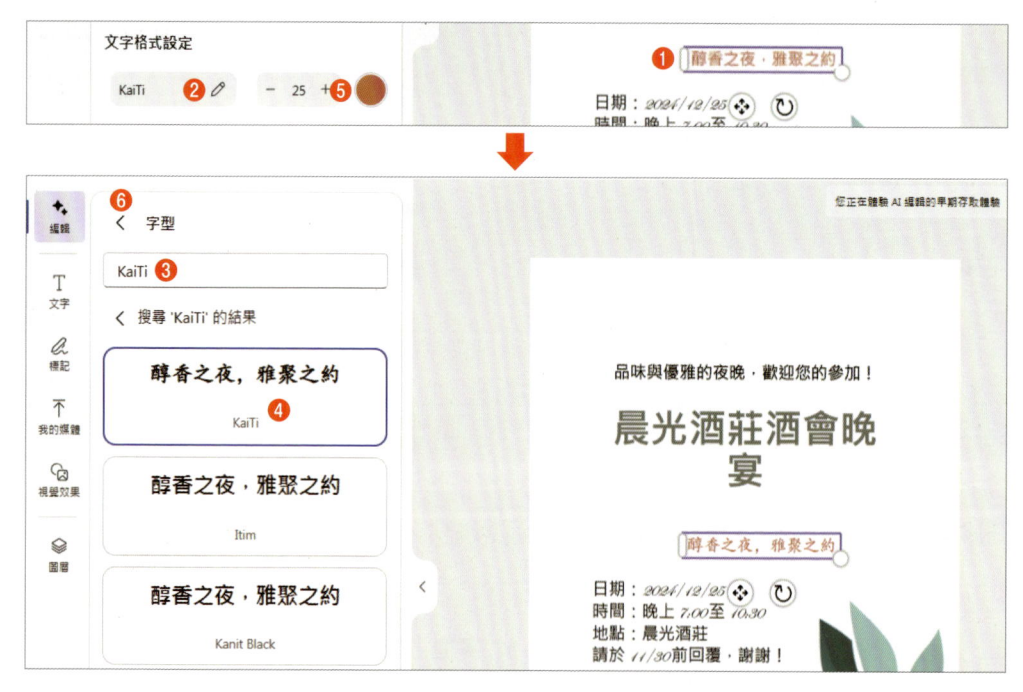

5. 選取如圖文字方塊，依相同方式設定字型：KaiTi。設定完成後，點選 **字型** 左側 < 回到 **屬性** 標籤畫面，點選 ● 進入 **色彩** 畫面。

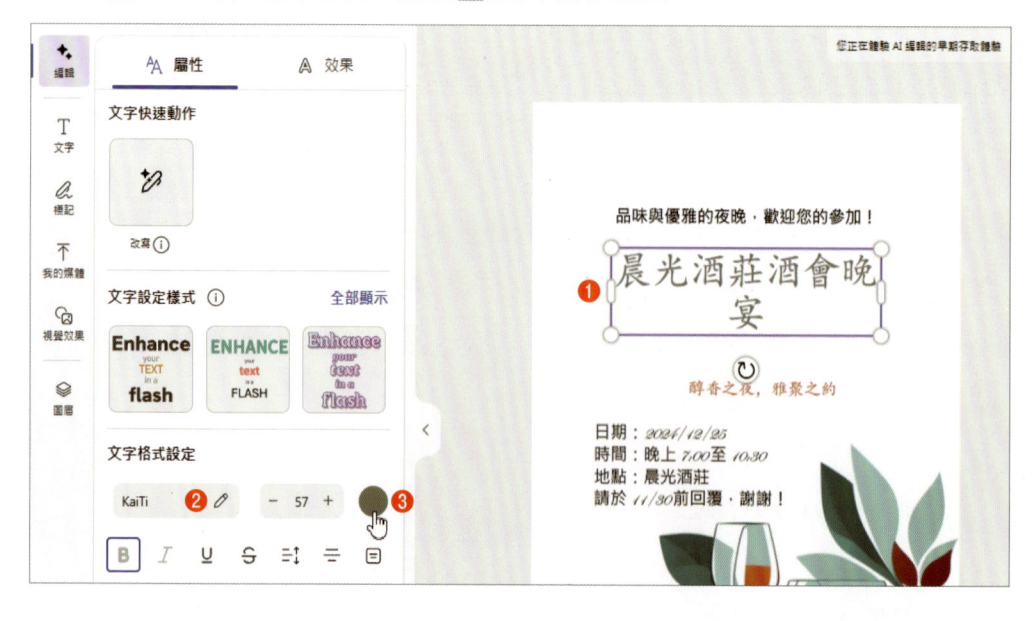

6. 可直接點選 **目前的色彩** 套用；或於 **目前的色彩** 點選 🧪 進入色彩選取模式，將選取工具中央正方格對準畫面中欲選取的色彩，當色彩充滿小方格時按一下滑鼠左鍵即完成文字色彩變更。

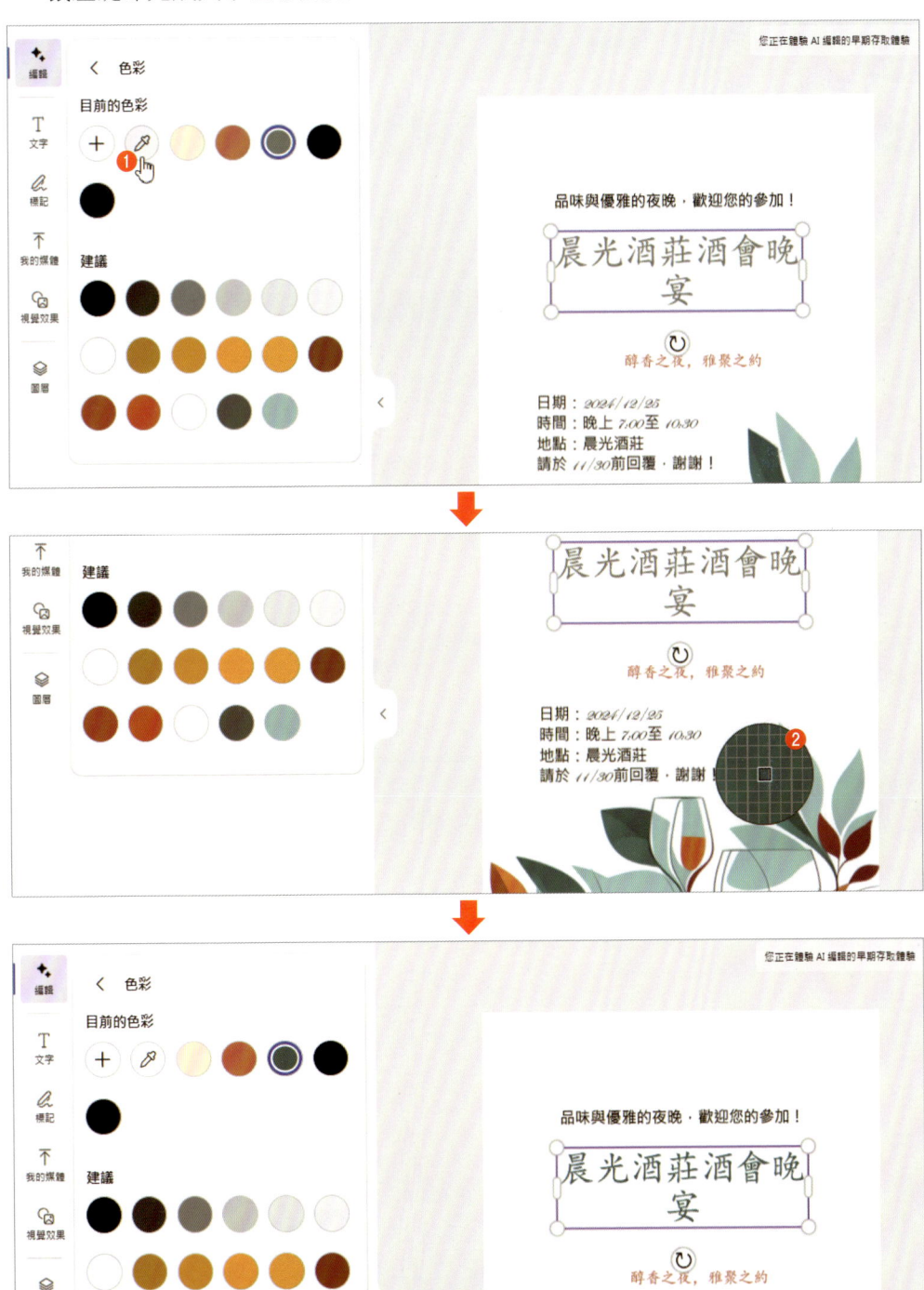

7. 選取如圖文字方塊，將滑鼠指標移至右邊控點上呈 ↔ 狀，往右拖曳至合適寬度。

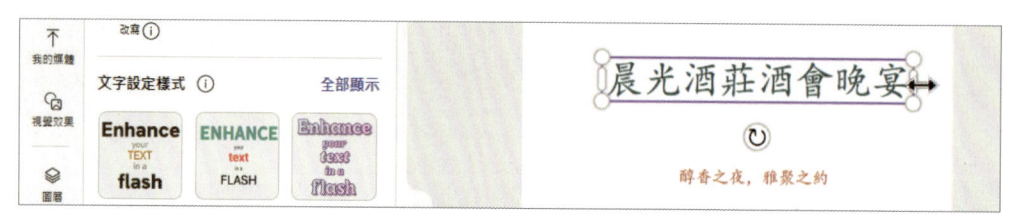

8. 選取如圖文字方塊，依相同方式設定字型：KaiTi、字型大小：25、以及色彩：#a24933。

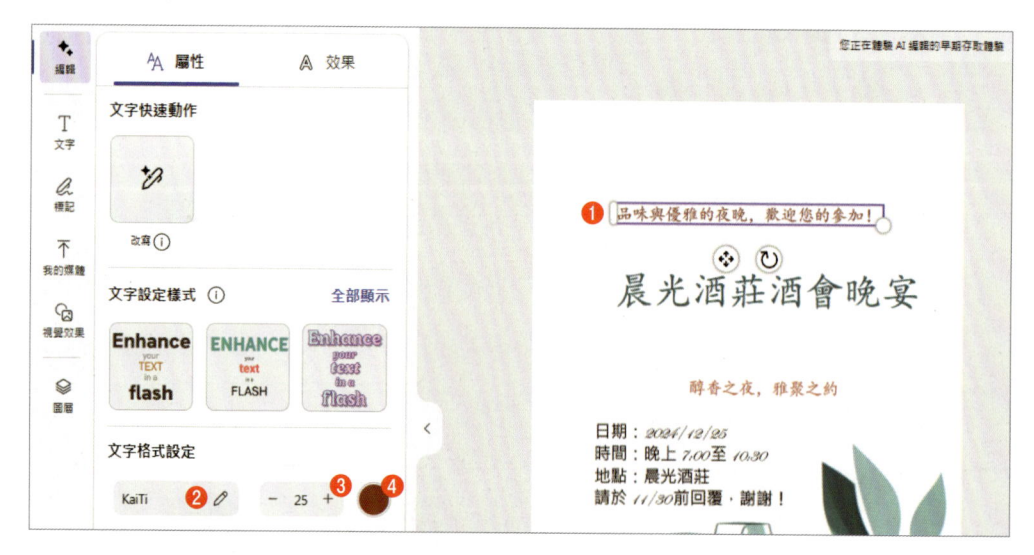

9. 將所有文字方塊拖曳至如圖位置擺放，即完成邀請卡製作。

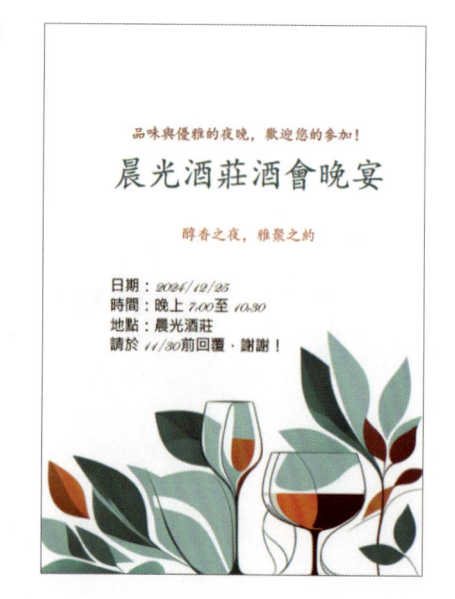

5-5-4 下載檔案

右上角點選 **下載**，點選合適檔案格式，點選 **下載** 鈕即可將檔案儲存於本機。(點選 **複製為影像** 可以將圖像複製至其他設計專案中進行編輯；點選 **傳送至手機** 產生 QR Code，以手機掃描即可於裝置上查看、下載和分享圖像。)

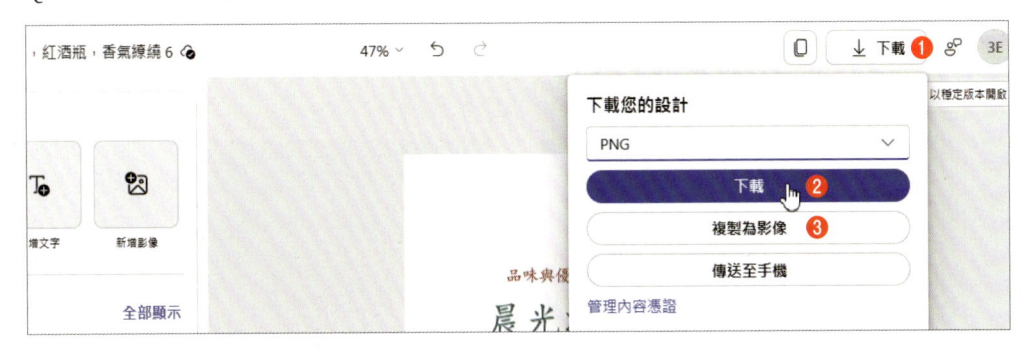

5-5-5 在"我的專案"中查看

1. 滑鼠指標移至左上角專案名稱上，點選 **[我的專案]** 進入 **所有專案** 畫面。

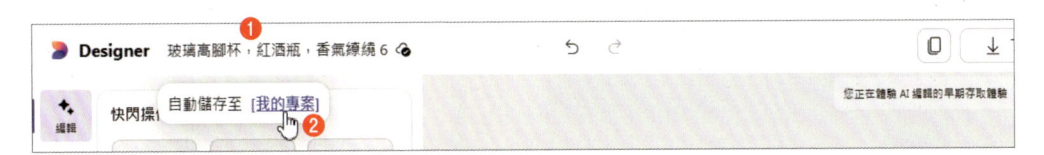

2. 點選該邀請函專案項目，放大檢視，點選圖像右側 ▷ 切換至下一張圖像，可看到編輯結果儲存並顯示於此處。(如需繼續編輯或修改，點選 **編輯** 鈕即可再次開啟編輯畫面。)

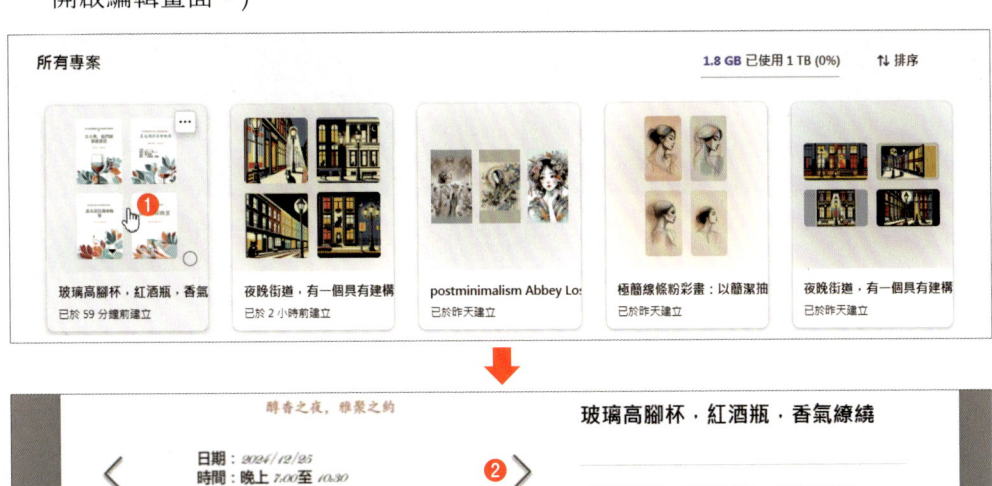

🧊 單元練習

請參考以下範例，自行練習用 Designer 生成圖像。

1. 手繪風格，黃昏，街邊復古雜貨店前，牽著繩子與水豚散步的可愛男孩，極簡。
2. 日系插畫風格，黃昏，街邊復古雜貨店前，牽著繩子與水豚散步的可愛男孩，極簡。

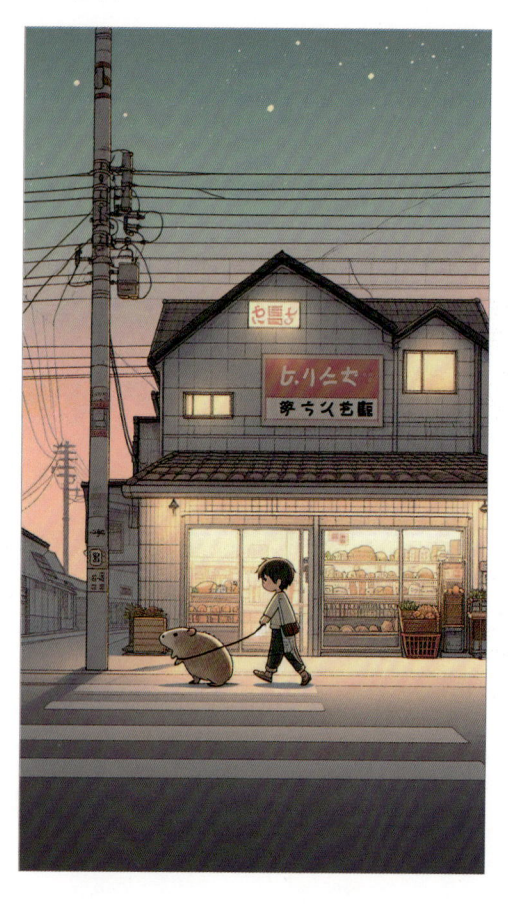

6

MS Bing 激發靈感

Microsoft Bing 是整合搜尋、AI 助理與生產力工具的平台。在視覺主導的時代，不僅提供精準的文字搜索，視覺影像也成為重要的搜索方式之一，還支援多種生成內容的功能，例如：影像建立工具，只需簡單描述，即可生成高質感、創意滿滿的 AI 圖像，滿足設計與靈感需求！

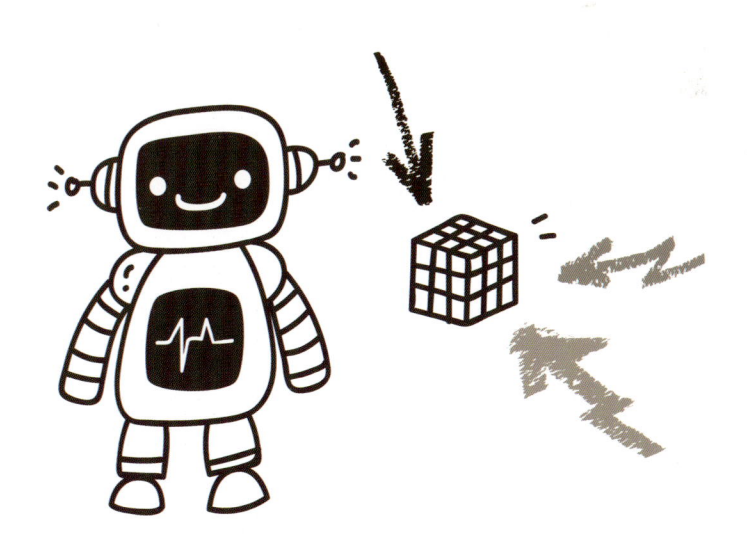

6-1 認識 Microsoft Bing

Microsoft Bing 不僅有強大的 AI 圖像生成工具，還提供圖像搜尋功能，助你在創建 AI 圖像時激發更多靈感與創意！

6-1-1 Microsoft Bing 是什麼？

Microsoft Bing 是微軟推出的網路搜尋引擎，提供網頁、圖像、影片、新聞…等類別搜尋服務，並整合 AI 聊天工具：Copilot，與用戶進行流暢的對話與問答。Bing 的圖像功能 **靈感**、**建立** 與 **收藏**，**靈感** 中有各式各樣的圖像，點選後可搜尋相近圖像、儲存或放大檢視…等；點選 **建立** 會開啟 **影像建立工具**，可使用提示詞生成 AI 圖像；**收藏** 中可查看並管理儲存的 **靈感** 圖像和 **影像建立工具** 生成圖像。

6-1-2 Bing "影像建立工具" 圖像生成特點

應用優勢

- **免費生成**：所有用戶皆可使用 **影像建立工具** 生成圖像，生成模型使用 DALL·E。
- **語言混用**：可以利用中文搭配英文提示詞生成圖像。
- **精美範本**：提供高品質的範本構想和提示詞，快速生成風格相似的圖像。

生成限制

- **單次生成**：不能以提示詞修改已生成的圖像，只能再次輸入提示詞重新生成另外一組圖像。
- **內容限制**：不能使用暴力、犯罪、血腥、色情、兒童不宜…等相關提示詞生成圖像。
- **限時儲存**：生成的圖像僅能儲存數天 (依平台說明為準)，因此若有中意的圖像，需即時下載到本機儲存，以免過期消失。
- **加速生成的點數**：Microsoft Bing 提供加速生成點數，每日自動補足 15 點。生成一次圖像會消耗 1 點，點數消耗完仍可生成圖像，只是生成速度會變慢。

6-2 開始使用 Microsoft Bing "影像建立工具"

Microsoft Bing 的"影像建立工具"需要先登入帳號才能生成 AI 圖像，使用前先了解各項功能位置。

6-2-1 進入 Bing "影像建立工具"

1. 於瀏覽器網址列輸入：「https://www.bing.com/images/create」，進入 Microsoft Bing **影像建立工具** 畫面，點選 **加入並創作** 鈕，選擇所需的方式登入，此處點選 **使用個人帳戶登入**。

2. 輸入帳號後點選 **下一個** 鈕傳送驗證碼至欲登入的帳號電子信箱中，輸入驗證碼後點選 **登入** 鈕，完成 **影像建立工具** 登入。(若無微軟帳戶，點選下方 **建立一個帳戶！**，再依指示完成帳戶註冊即可。)

6-2-2 Bing "影像建立工具" 畫面認識

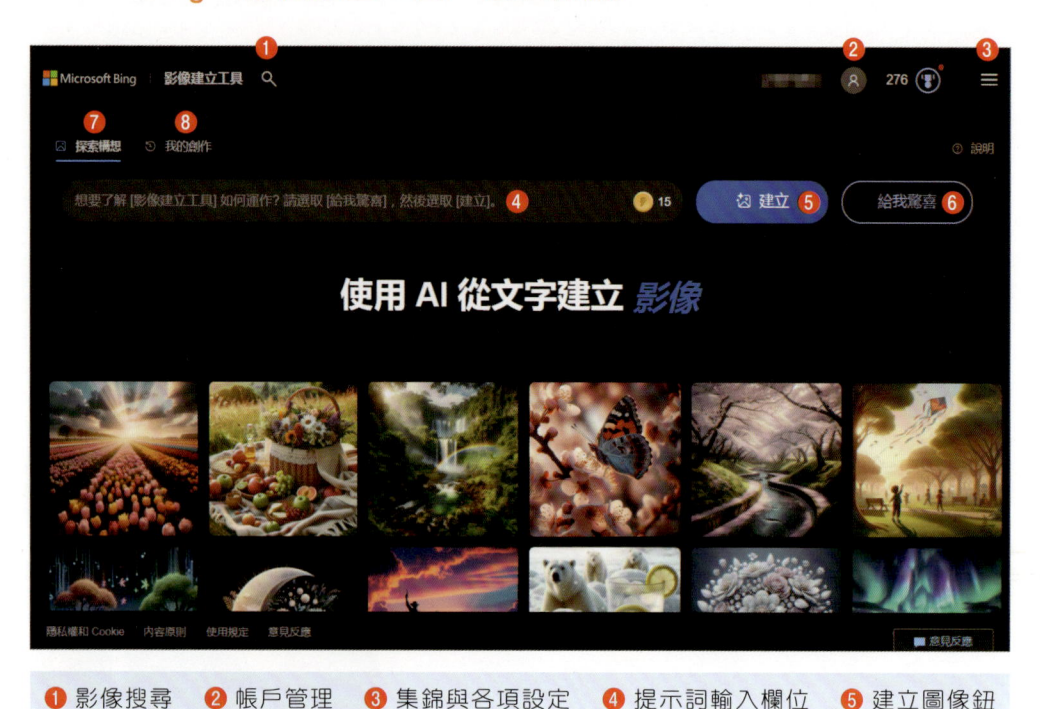

❶ 影像搜尋　❷ 帳戶管理　❸ 集錦與各項設定　❹ 提示詞輸入欄位　❺ 建立圖像鈕
❻ 隨機生成提示詞　❼ 提示詞範本　❽ 圖像生成區

- **影像搜尋**：點選 🔍 進入 Microsoft Bing 圖像搜尋畫面。

- **帳戶管理**：查看帳戶資訊…等功能。

- **集錦與各項設定**：**集錦**、**語言**、**外觀**…等皆在此設定，點選 **集錦** 進入集錦管理畫面；點選 **外觀** 依需求調整畫面顏色 (以下皆使用 **深色** 示範)。

- **提示詞輸入欄位**：輸入提示詞生成圖像，🪙 為生成加速點數，右側數字顯示剩餘點數數量，每次生成消耗 1 點，點數消耗完仍可生成圖像，只是生成速度可能下降。

- **隨機生成提示詞**：點選 **給我驚喜** 鈕，會在提示詞輸入欄位中自動生成一段提示詞，點選 **建立** 鈕即可使用此段提示詞生成圖像。

- **提示詞範本**：**探索構想** 標籤中有許多圖像與提示詞範本，點選圖像即可查看提示詞。

- **生成圖像區**：**我的創作** 標籤中，於畫面下方顯示最近生成的 20 組圖像紀錄，會依生成順序更新顯示圖像，為避免找不到先前生成的圖像或過期消失，建議隨時儲存至集錦或下載到本機。

6-3 Microsoft Bing "影像建立工具" 圖像生成入門

此章節教你如何在 Microsoft Bing "影像建立工具" 輸入提示詞生成影像，使用調整大小工具快速調整圖像尺寸，並將生成的精美影像下載、儲存。

6-3-1 輸入提示詞生成圖像

於欄位輸入以下提示詞，點選 **建立** 鈕生成圖像：

「鉛筆速寫風格，一個可愛小女孩頭上戴著魚缸，像太空衣一樣戴在頭上，魚缸裡有魚和水，小女孩正拿著電話筒講電話，口中冒出泡泡。」

6-3-2 變更圖像尺寸

1. 於 **我的創作** 畫面，點選圖像放大檢視，點選圖像左右兩側 ◀ 或 ▶ 可切換圖像。點選 **調整大小 \ 橫印 (4：3)**，會重新生成 4:3 尺寸圖像。

2. 點選右上角 ❌ 可返回 **我的創作** 畫面。

> **TIPS** 及時儲存、下載變更尺寸的圖像
>
> 完成尺寸變更的圖像不會出現在 **最近的** 生成紀錄中，因此若更改尺寸的圖像符合需求，可先將圖像儲存至集錦或下載至本機儲存（可參考 P6-7 與 P6-11 的操作說明）。

6-3-3 圖像生成儲存管理

儲存生成的圖像

1. 於 **我的創作** 畫面,點選圖像放大檢視,點選 **儲存** 鈕,將圖像儲存於 **收藏** 清單中預設的集錦。

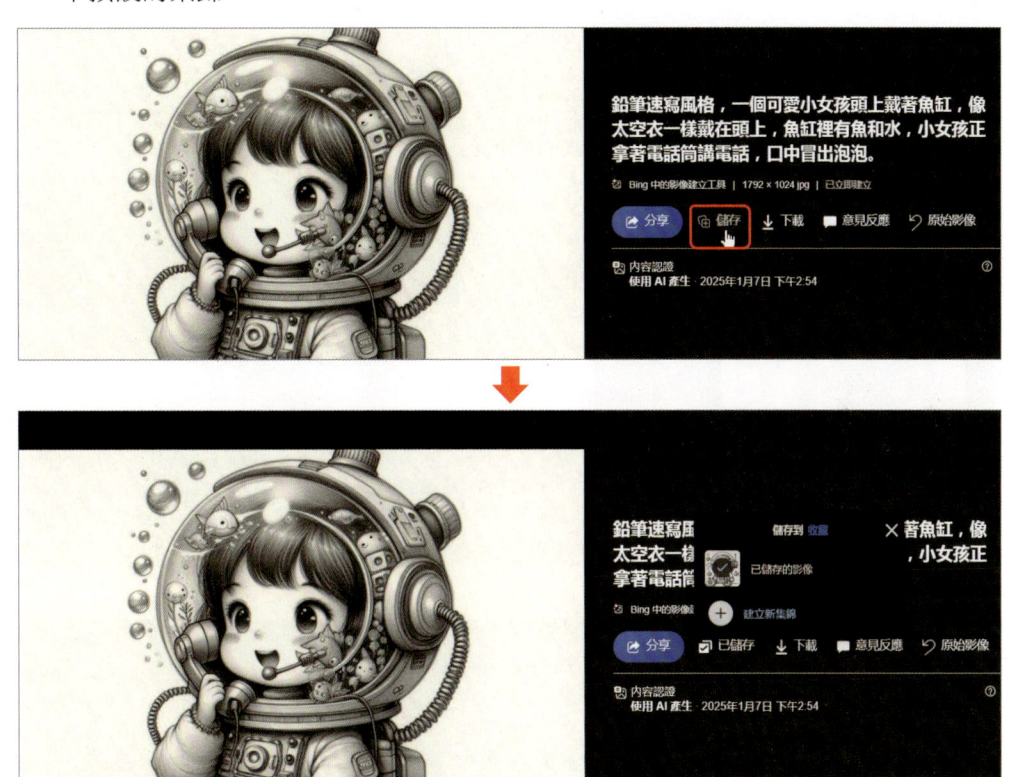

2. 點選右上角 ❌ 可返回 **我的創作** 畫面。

> 新增集錦

1. 於 **影像建立工具** 畫面右上角點選 ≡ \ **集錦**，進入集錦管理畫面。

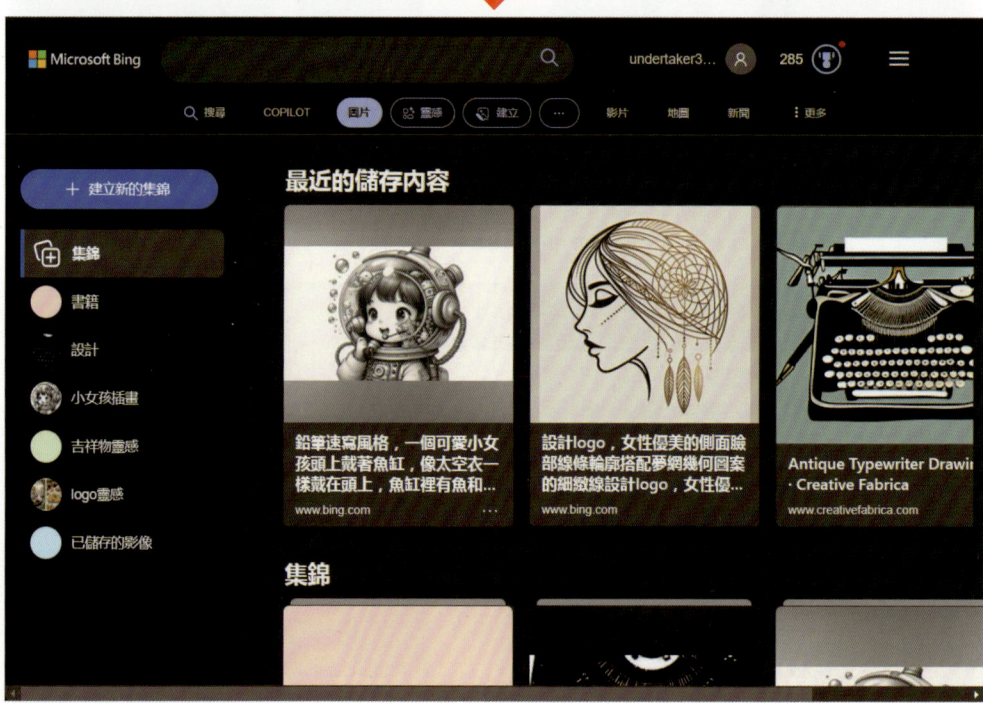

2. 點選 **建立新的集錦** 鈕,輸入集錦名稱,點選 **建立** 鈕,新建立的集錦會顯示於左側。

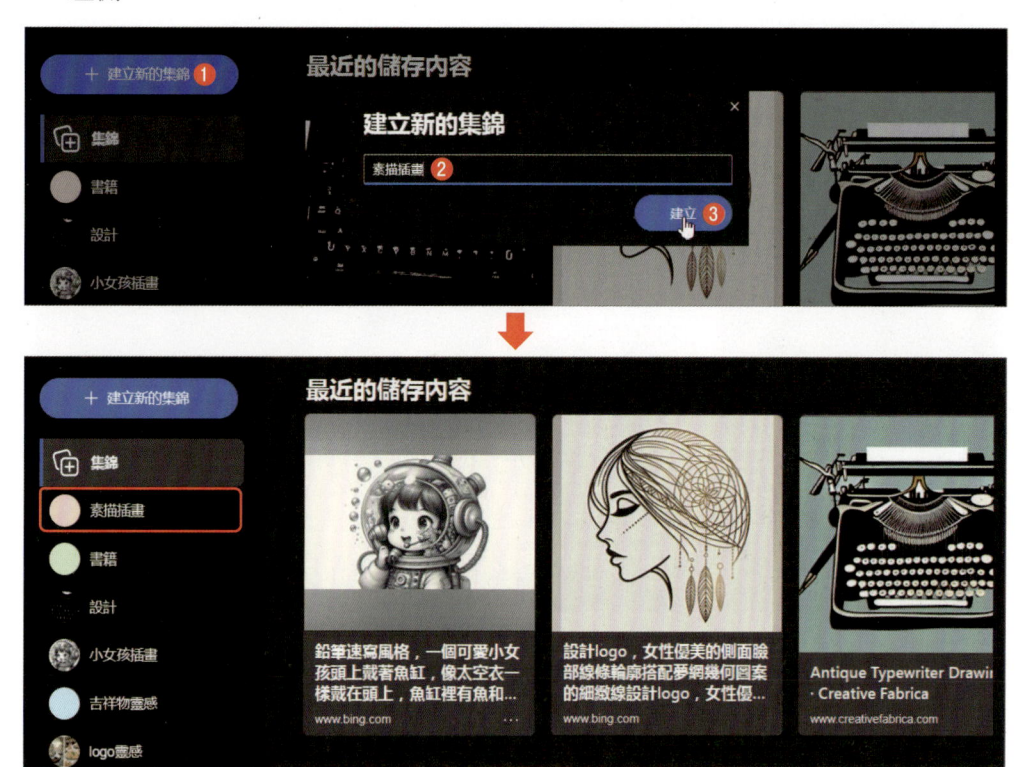

將圖像搬移到指定的集錦

點選欲搬移圖像所在的集錦,滑鼠指標移至圖像上,點選 ☐ 呈 ☑ 狀,點選 ➡,對話方塊點選欲搬移的集錦完成搬移。(若想同時儲存於兩個集錦,核選 **在「***」中保留複本** 即可。)

6-3-4 下載生成的圖像

於集錦下載圖像

於集錦畫面點選圖像放大檢視,點選 **下載** 鈕,即可以 .jpg 檔案格式儲存至本機。

於 "創作" 畫面下載圖像

於 **影像建立工具 \ 我的創作** 畫面點選下方生成紀錄，點選圖像放大檢視後，點選 **下載** 鈕，即可以 .jpg 檔案格式儲存至本機。

6-4 Microsoft Bing 探索、收藏靈感圖像

Microsoft Bing 搜尋引擎中的圖像皆可儲存於 **收藏** 的 **集錦** 中，主題式搜尋能幫助集中尋找目標靈感，進一步提高創作效率。

6-4-1 主題式儲存、搜尋圖像

熱門主題搜尋圖像

1. 於 **影像建立工具** 畫面左上角點選 🔍 進入 Microsoft Bing 瀏覽器的圖像搜尋畫面，於 **探索熱門圖像主題** 點選 **查看更多內容** 鈕展開更多主題分類，點選欲探索的主題，在此點選 **設計**。

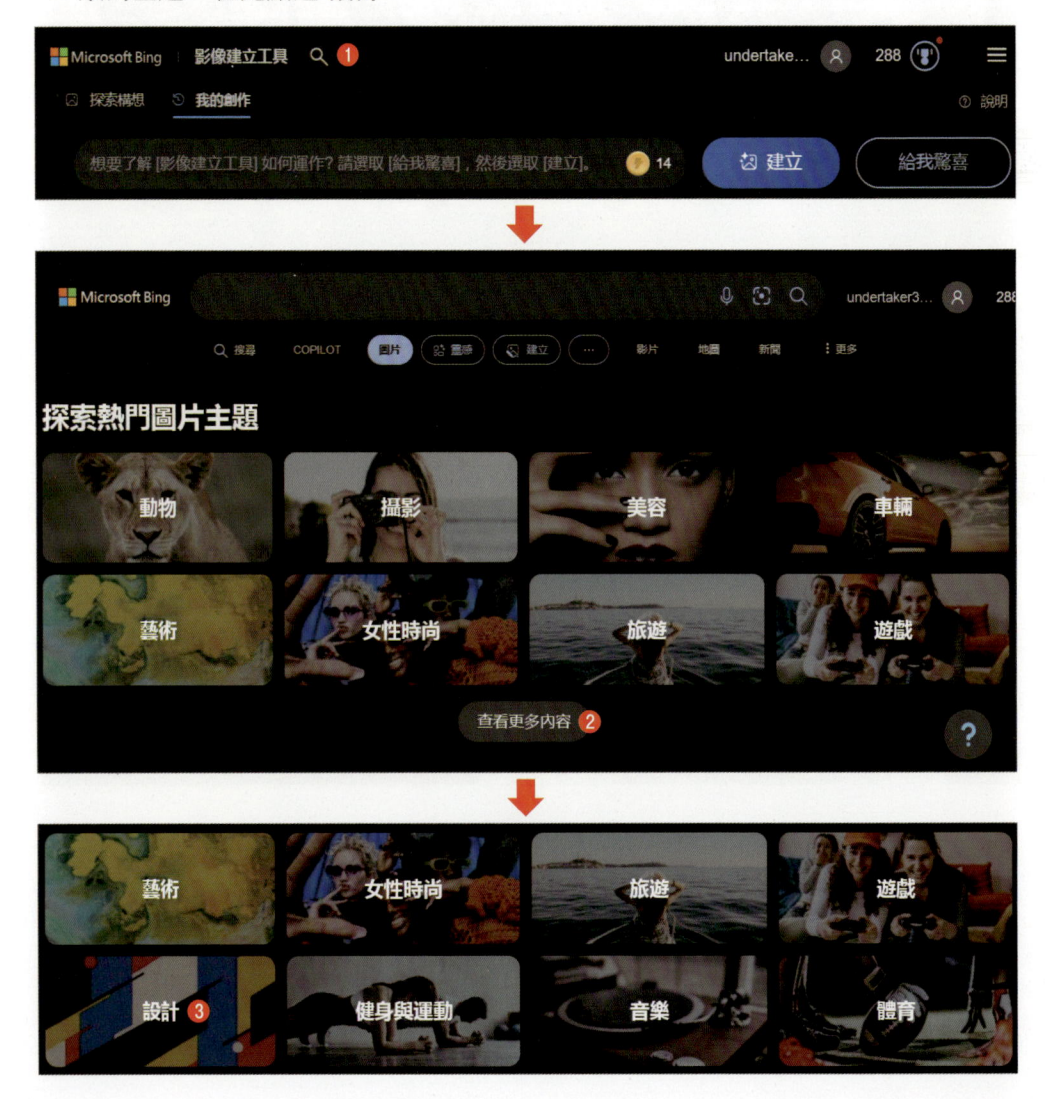

2. 滑鼠指標移至欲儲存的圖像右上角 **儲存**，**熱門選擇** 為建議的儲存集錦；將滑鼠指標移至欲儲存的集錦名稱上方，點選其右側 **儲存** 鈕，完成圖像儲存。

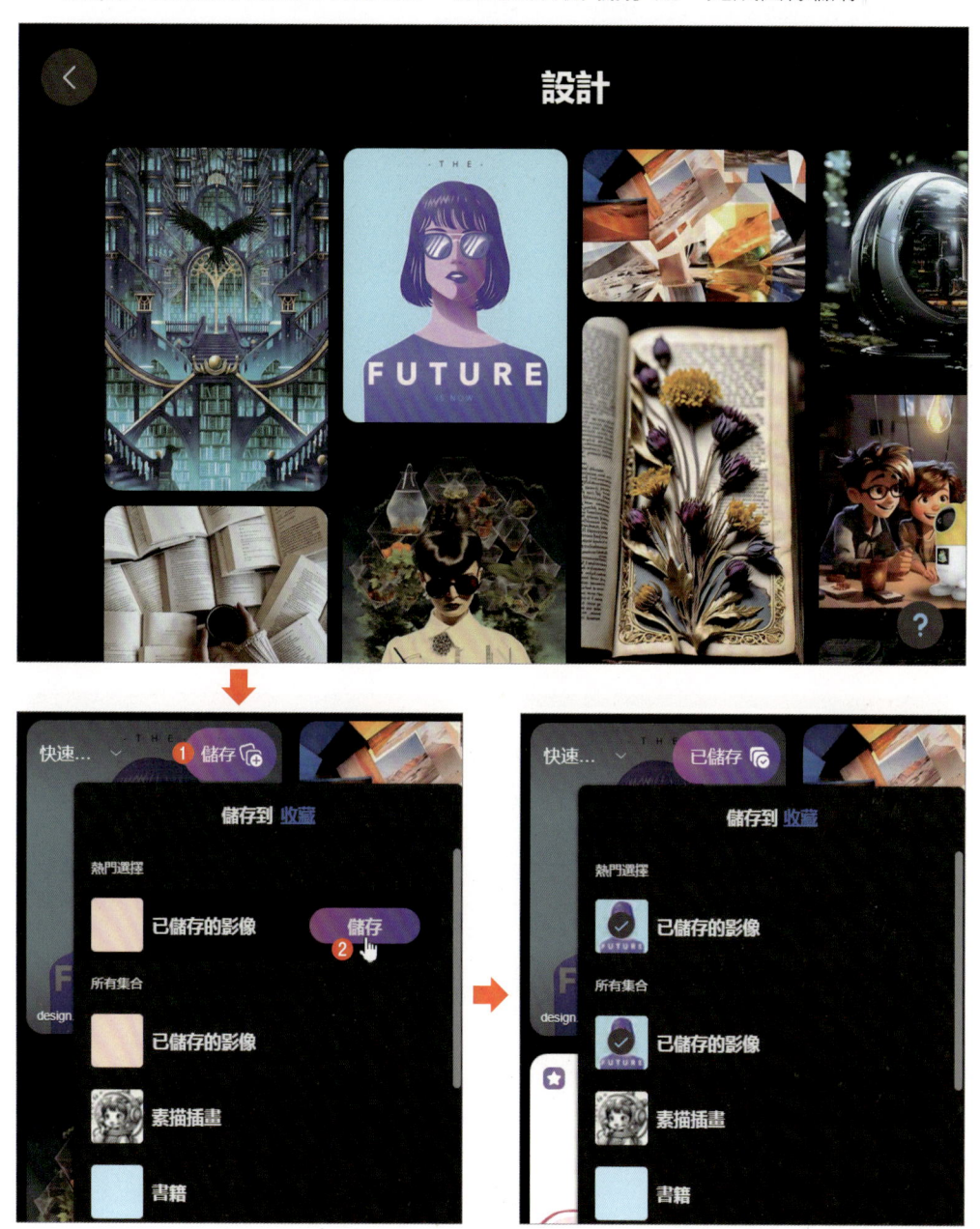

圖像式搜尋靈感

1. 點選欲搜尋的圖像,進入圖像搜尋畫面,該圖像下方顯示類似風格或主題的圖像。點選 **圖像式搜尋** 進入局部搜尋畫面。

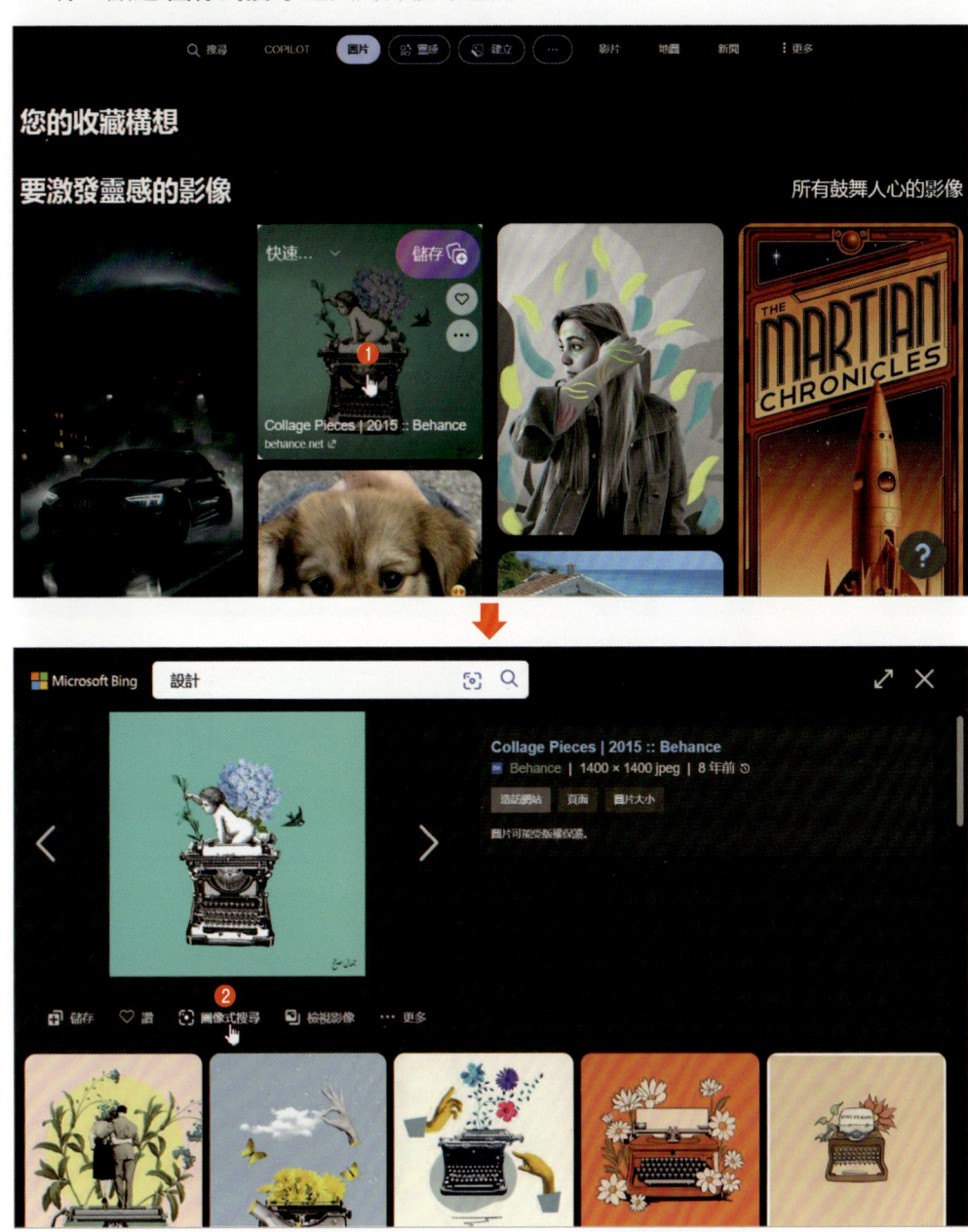

2. 滑鼠指標移至圖像四邊控點呈 ⬌ 狀，將選取框拖曳至合適大小及位置，於右側就會出現相關圖像。

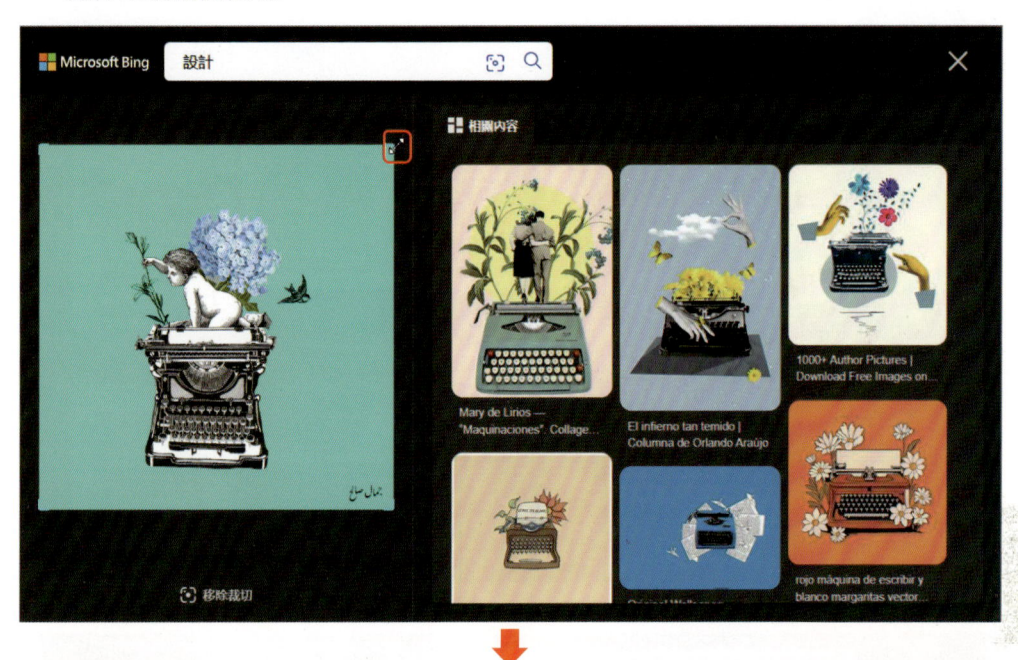

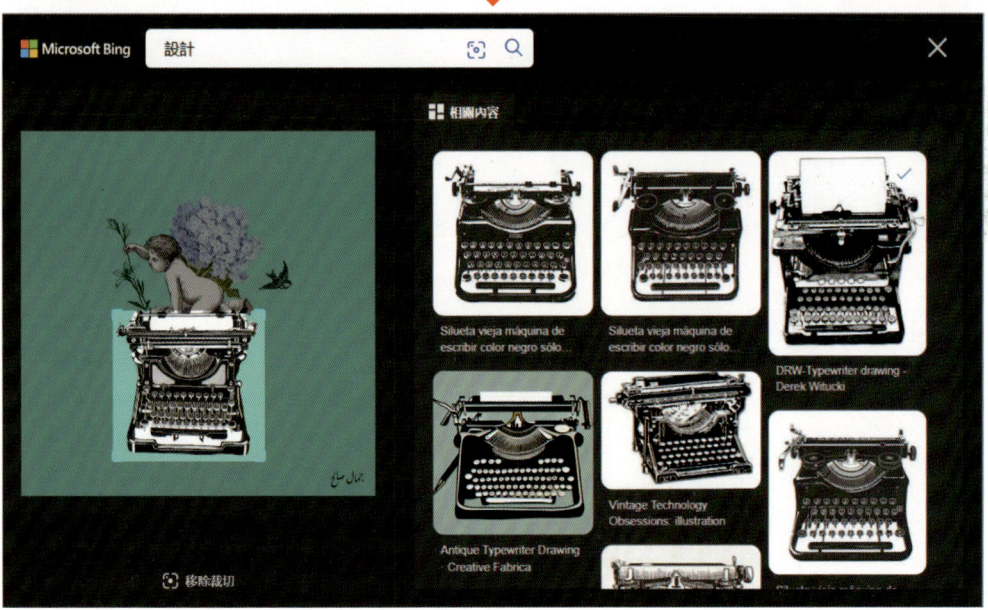

3. 滑鼠指標移至欲儲存的圖像右上角，點選 **儲存**，將圖像儲存至合適集錦。

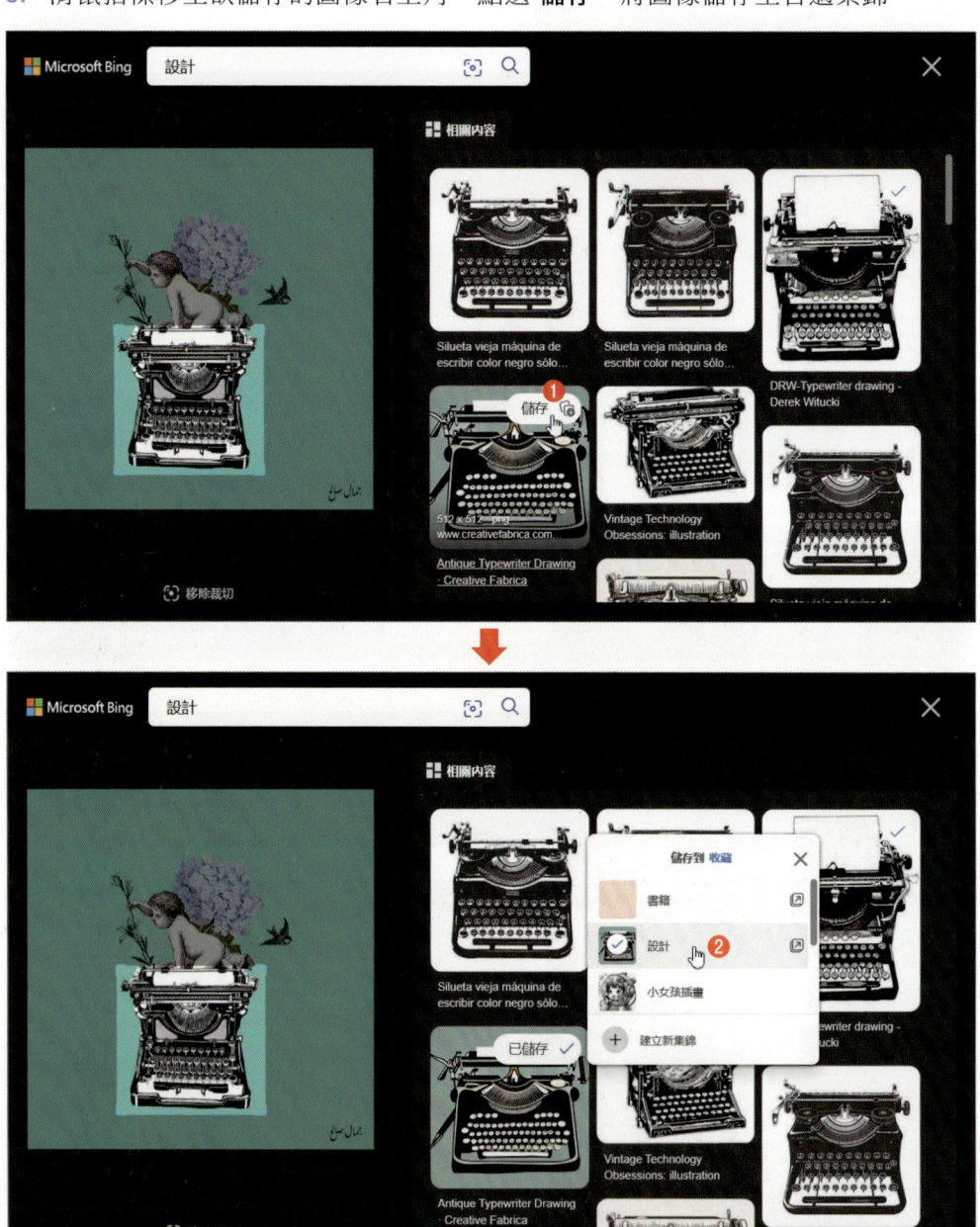

6-4-2 探索集錦相似風格

1. 於 Microsoft Bing 影像搜尋畫面：https://www.bing.com/images，點選 **收藏**，進入集錦管理畫面。點選欲進行 **探索構想** 的集錦，儲存的圖像下方會顯示性質、風格相同的圖像。

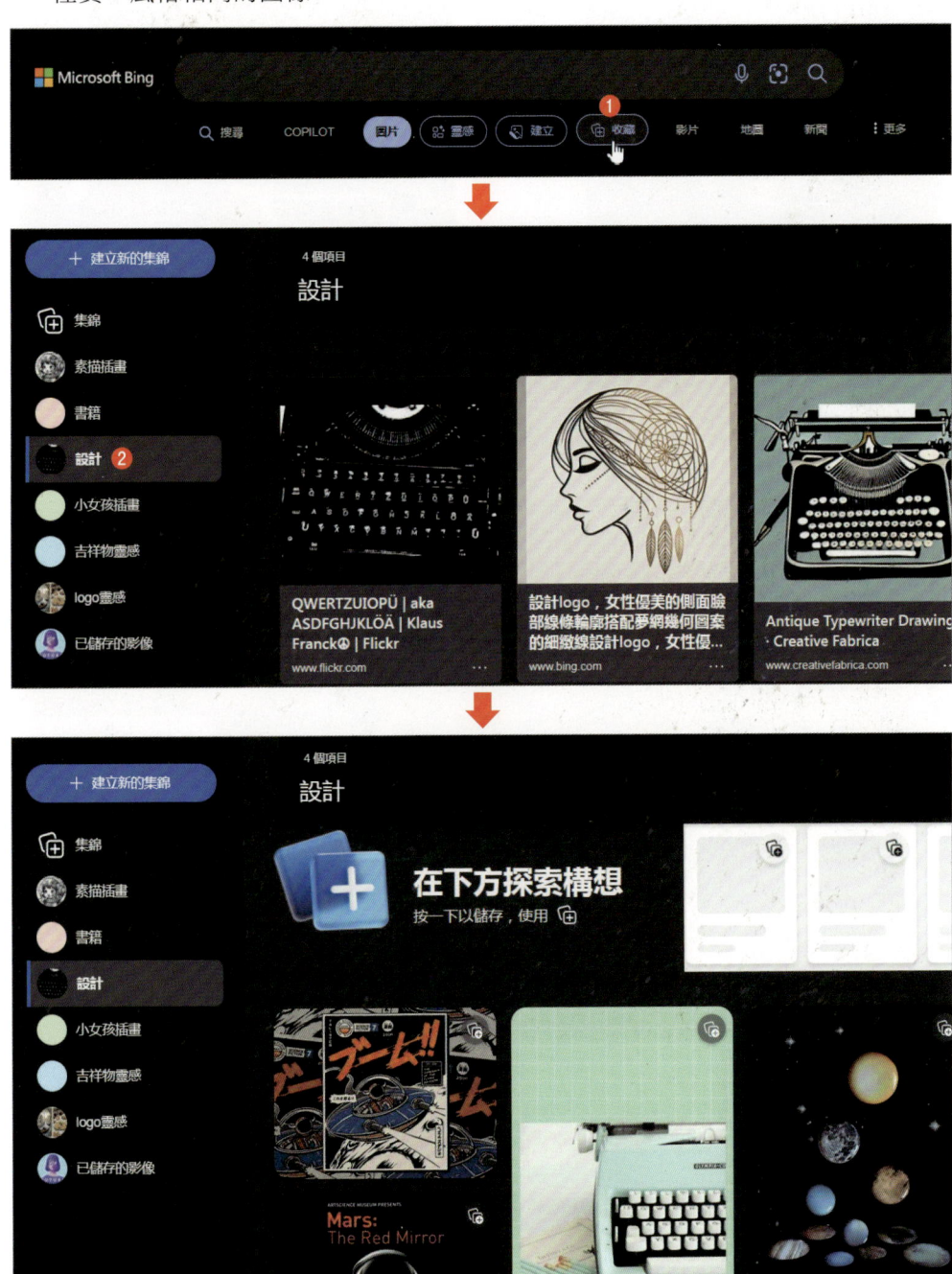

2. 將滑鼠指標移至欲儲存的圖像，右上角點選 **儲存** 鈕，儲存於此集錦中。

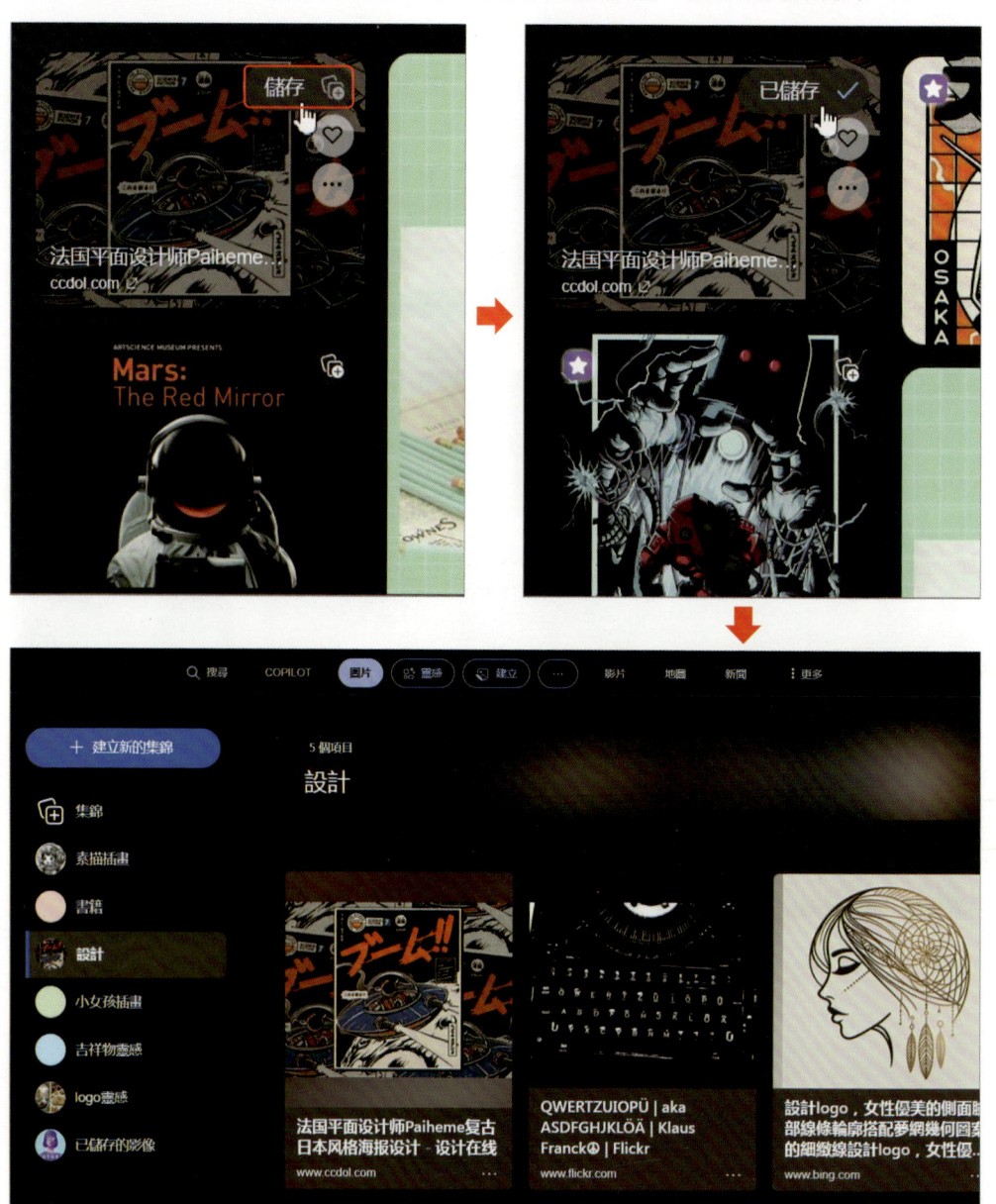

單元練習

請參考以下範例，自行練習用 Bing 生成圖像。

1. 莫迪里安尼，利奧諾拉卡林頓風格，街道上的一隻白狗，風格詭譎黑暗。

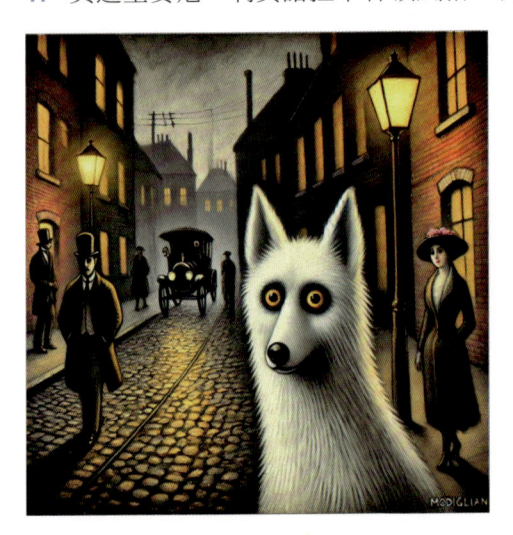

2. 深紅色、藏青色、金色的喬伊莫亞風格，一位黑色長髮的纖細白皙少女，拿著一朵深紅色的花，側面，頭髮垂在肩上，沉靜、侘寂、極簡。

實現進階應用

AI 繪圖的世界裡，風格不再是單一選擇，而是無限可能的融合與創新。本篇將帶領你探索多種藝術風格，從水彩的柔和筆觸、粉彩的極簡美學，到敦煌壁畫的歷史韻味，甚至是充滿童趣與夢幻的芭蕾插畫。一一拆解視覺風格的關鍵組成，並透過實作示範，讓你能夠迅速掌握不同風格的精髓。無論是商業設計還是個人創作，這些風格都能為你的 AI 圖像帶來更多層次與獨特性，一起踏上風格融合的創作之旅吧！

重點導讀

本篇（07~11 章）帶你全面理解風格的選擇與融合決定了作品的獨特性。AI 圖像創作不僅關乎風格的選擇，更涉及如何靈活融合與應用；此外，我們還將揭開 Sora AI 影片創作的魔法，讓靜態圖像進一步延伸至動態敘事，以下為本篇的五大重點：

1 解析視覺風格的組成
- 深入理解不同藝術風格的視覺特徵與影響因素。
- 拆解廣為人知的藝術風格如何形成與演變。

2 多種藝術風格示範與應用
- 探索水彩、粉彩、水墨、敦煌壁畫、芭蕾插畫…等多元風格。
- 透過替換與練習，加強 AI 繪圖的風格轉換與表現力。

3 極簡提示詞的強大表現力
- 介紹一句話生圖的概念，學會用簡短提示詞精準控制畫面。
- 比較簡單與詳細提示詞，找出最適合你的創作方式。

4 風格應用於商業與藝術創作
- AI 圖像如何運用於商業設計與品牌視覺。
- 進一步探索藝術風格在不同媒介的表現。

5 AI 動態創作：揭開 Sora AI 影片創作的魔法
- 探索如何將靜態 AI 圖像轉化為動態影像。
- 打造兼具藝術性與敘事感的 AI 影片。

7

多樣風格融合創作

AI 圖像生成工具讓視覺創作的可能性不斷延伸，經過文字將概念視覺化，創造更多前所未有的視覺風格。Microsoft Designer 提供了強大的 AI 輔助創作工具，使得創作者能輕鬆將不同風格概念融合在一起，呈現獨特的視覺效果，不僅能重現經典的藝術風格，也能靈活結合當代視覺語言，創造出全新的視覺體驗，提供所有人隨心所欲的創作空間。本章主題的練習，是利用前面章節介紹的平台生成各式圖像，可根據需求或偏好，選擇合適的平台進行練習。

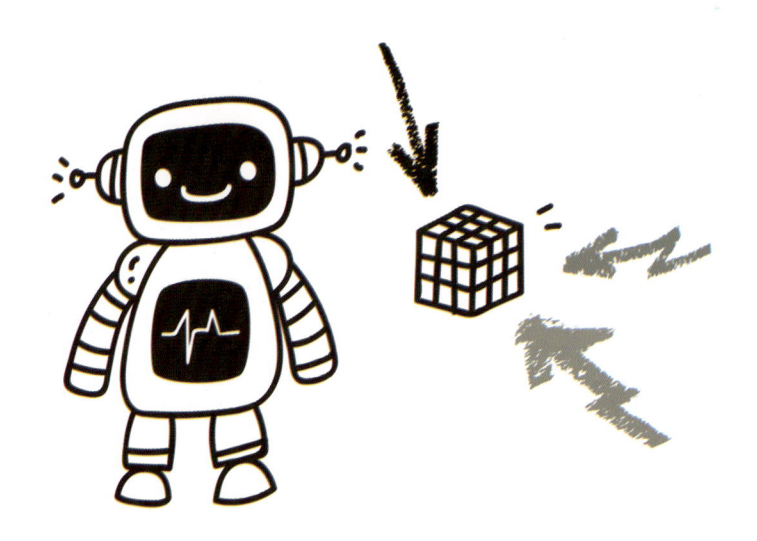

7-1　發想風格提示詞

生成圖像的視覺效果很大程度取決於風格描述，相同物件在不同風格提示詞引導下能呈現截然不同的視覺效果，發想風格提示詞是靈感啟發起點。

7-1-1　視覺風格的組成

風格不僅能展現文化、流行與風尚，還能反映作品性格，使之具有代表性。視覺藝術中的風格由顏色、構圖、質感、媒材、形狀、光線、題材…等多項元素組合而成，構成獨特性。

`顏色`

顏色飽和度、色調…等色彩搭配要素能渲染情緒與氛圍。

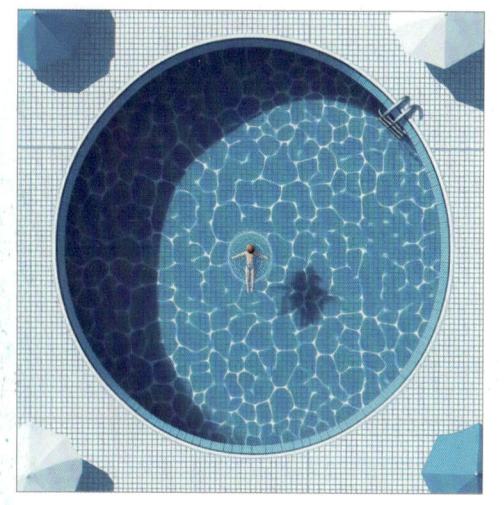

◆ 色調

▲ 冷色調　　　　　　　　　　　▲ 暖色調

◆ 色彩搭配

▲ 復古色 (Vintage Colors) 赭紅色和藍綠色 　　　▲ 自然色（Earthy Colors）淺藍色和淺粉橘色

> 構圖

透視、取景及角度能引導視覺焦點，製造戲劇性與故事性。

◆ 透視

▲ 等距透視 　　　　　　　　　　　　　　　　　▲ 單點透視

◆ 取景

▲ 中景　　　　　　　　　　　　　　▲ 特寫

◆ 角度

▲ 俯視視角　　　　　　　　　　　　▲ 仰視視角

> **質感**

增添畫面的細緻度和氛圍，進一步表現情感細節。

◈ **自然元素**

▲ 光元素 　　　　　　　　　　▲ 水元素

◈ **人造材質**

▲ 紙材 　　　　　　　　　　▲ 塑膠

CHAPTER 7　多樣風格融合創作

7-5

> **繪畫媒材**

包含顏料（例如：素描、水彩畫、油彩畫⋯等）及基底材（例如：紙、畫布、木板⋯等）⋯等，使用不同媒材提示詞可能影響生成的色調及風格。

◆ 繪畫媒材

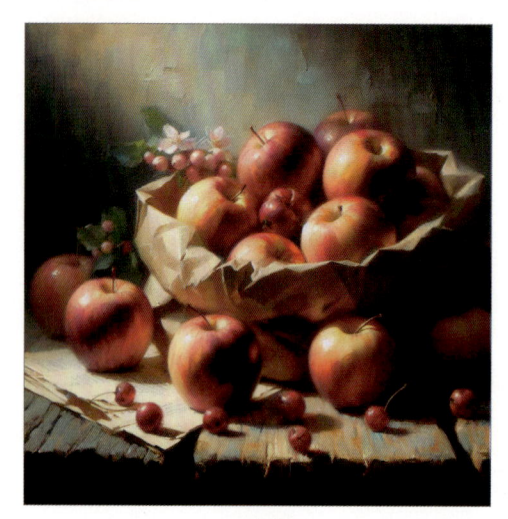

▲ 油畫

▲ 鉛筆素描

▲ 粉彩

▲ 木刻版畫

| 形狀 |

以各種不同的點與線組成，製造設計感和個性化表現。

◆ **點元素**

▲ 圓點　　　　　　　　　　▲ 方點

◆ **線元素**

▲ 直線　　　　　　　　　　▲ 曲線

CHAPTER 7　多樣風格融合創作

7-7

光線

不同方向或時間點的光源,可渲染氣氛和製造戲劇性,並且與物體質感呈現息息相關。

◆ 光源位置

▲ 側光

▲ 逆光

◆ 光線種類

▲ 日光

▲ 月光

7-1-2 廣為人知的風格如何組成

每個時代都有其代表風格，為人文風俗所影響，風格不僅是可供識別的標誌，更是反映時代文化的重要媒介。分析經典風格的組成，能有效幫助提示詞撰寫，生成理想的圖像。在此舉例分析塗鴉藝術的風格組成。

塗鴉藝術

塗鴉 (Graffiti) 藝術是一種街頭藝術，主要使用噴漆、油漆⋯等媒材創作，常見於建築物牆面、廣告看板⋯等公共物品上，文字和圖像都是常見創作題材。

組成分析

分析塗鴉風格組成元素：題材、顏色、構圖、媒材、形狀。

- **題材**：文字、圖案和圖像⋯等皆是常見創作形式與題材。
- **顏色**：顏色較為鮮豔，色彩搭配對比強烈，具有非常吸睛的視覺效果，能在巨大公共物品上及空間中引人注目。常見顏色有：螢光色、黃色、藍色、紅色、黑色⋯等。
- **構圖**：創作形式多元，從文字到圖形皆為塗鴉藝術的創作形式，由於常見於牆面、路面⋯等公共空間創作，因此構圖經常隨著創作底材的質感、空間狀態變化，無固定構圖方式。
- **媒材**：噴漆、油漆筆、壓克力、粉筆、模板⋯等多元媒材使得創作上更為靈活，噴漆能製造大面積色塊及顏色漸層，模板能快速、重複繪製相同形狀。
- **形狀**：文字創作常見泡泡字、銳利字⋯等變形字體。

7-1-3 影響風格呈現的因素

經常遇到無法順利生成某種風格的情況,可能由於不同工具對風格的定義不同、提示詞間互相干擾…等因素導致,需修正提示詞順利呈現預想風格。

不同生成圖像工具

每種圖像生成工具對於同種風格的定義都不盡相同,若有指定生成條件,可以加上視覺元素提示詞輔助生成預想圖像。

提示詞:克林姆風格的餐桌靜物畫,桌上有水果拼盤和高腳杯、餐具。

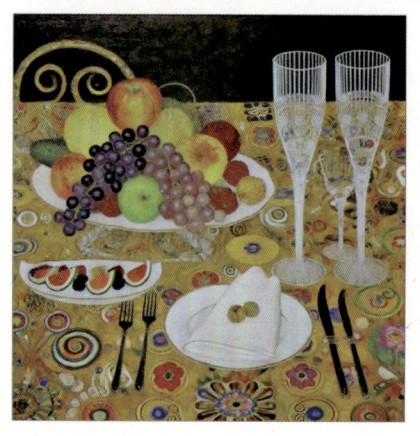

▲ Microsoft Designer　　　　▲ ChatGPT

風格與藝術家

圖像生成工具對風格的視覺定義會受該風格、藝術運動中特定藝術家風格影響,生成結果可能不如預期,輸入精準風格名稱,才能更接近預想結果。

提示詞:**立體主義**,撐著洋傘的白皙少女肖像,穿著紅色洋裝。

提示詞:**畢卡索風格**,撐著洋傘的白皙少女肖像,穿著紅色洋裝。

> 代表性的題材

風格會受到最具代表性的藝術作品影響，例如右圖：想生成印象派風格的女性肖像，卻沒有指定藝術家風格時，可能會預設生成女性題材為代表的雷諾瓦風格。

提示詞：印象派油畫，撐著洋傘的白皙少女肖像，穿著白色洋裝，金色頭髮。

> 題材及風格

詞語經過翻譯、日常使用的習慣可能與原意有些微的差異，雖然能順暢地溝通及傳達，但在撰寫提示詞時，可能因為這些差異，生成的結果和預想結果相差甚遠，例如下圖：靜物畫是西方繪畫中常見的繪畫類型，主要描繪無生命的物體；在東方繪畫脈絡中並沒有"靜物畫"的概念，因此使用"靜物畫"提示詞時，無法順利生成水墨風格的圖像，此時只要去掉"靜物畫"提示詞，並增加水墨畫風格的視覺元素就能順利生成。

提示詞：裝有**紅色**蘋果的牛皮紙袋**靜物畫**，水墨畫

提示詞：裝有蘋果的牛皮紙袋，**黑白渲染**，**寫意水墨**，**潑灑**，**中國**水墨畫。

CHAPTER 7 多樣風格融合創作

7-11

指定顏色提示詞

顏色是生成特定圖像風格的重要因素，顏色名稱或顏色系統編號的使用會影響顏色是否正確生成。

◆ **顏色名稱**：不同語言中常見顏色有對應名稱，源自於開採顏料的物質、歷史事件、代表物、專利顏色…等，例如：群青色是一種深藍色，由天然礦石青金石提取，對應的英文名稱是 Ultramarine。

提示詞：**群青色 \ Ultramarine** 的山茶花，重複出現，代針筆插畫

▲ 群青 　　　　　　　　　　　　▲ Ultramarine

◆ **十六進制**：用於數位媒體中的 RGB 顏色系統編碼方式，顏色組合由三組兩位數字組成，例如：朱紅色以十六進制表示約為 #ED1A3D。

提示詞：山茶花，顏色使用 **#ED1A3D \ #F0F8FF**

▲ #ED1A3D 　　　　　　　　　　▲ #F0F8FF

7-12

雖然使用十六進制編碼進行顏色生成較為準確，但也可能會生成與該顏色相差甚遠的情況，如下圖：#b399ff 為 ■ 色、#30D5C8 為 ■ 色，生成的圖像卻不包含此兩種顏色。

提示詞：一個簡單的極簡藝術完整背景，採用顏色：**#b399ff** 的平面插圖風格。壁紙應具有顏色：**#30D5C8** 背景和劃分每個形狀的奶油色線條。

此時可以詢問 ChatGPT：「十六進制的 #b399ff 顏色名稱為何？」以該編碼的顏色名稱進行生成：

提示詞：一個簡單的極簡藝術完整背景，採用丁香紫色的平面插圖風格。壁紙應具有**石綠色**背景和劃分每個形狀的顏色**丁香紫色**。

CHAPTER 7　多樣風格融合創作

7-13

> **未清楚定義的風格**

東方、較為近代…等的藝術風格可能無法清楚的被定義，如下圖：在生成日本藝術家東山魁夷代表作〈綠響〉風格時，先使用藝術家名字，後加入媒材、代表作的構圖、顏色與題材作為提示詞，生成結果皆與藝術家作品風格相差甚遠。

提示詞：東山魁夷風格，倒映湖邊的山景，寧靜。

提示詞：東山魁夷風格，膠彩，石青、石綠色，倒映湖邊的樹林，重複出現的樹木，寧靜，寂靜，群青色扁平單色天空，極簡。

1. 此時確定工具無法生成東山魁夷的風格，也無法定義膠彩畫媒材視覺效果後，可分析欲生成的作品風格，並使用有相近視覺效果的提示詞。

    - 題材：倒映在湖邊的樹林，樹木重複出現
    - 媒材：粉彩 (代表作的畫面水氣氤氳，物體邊緣暈開的樣子與粉彩媒材生成效果類似)
    - 顏色：群青
    - 質感：較為扁平 (沒有明顯的立體感與寫實描繪，因此使用 "扁平")
    - 構圖：極簡留白

2. 去掉無法生成的提示詞，避免干擾圖像生成：

- **東山魁夷**：由生成圖像可發現使用此提示詞會生成日本元素，例如：日式建築、楓葉景色⋯等，因此刪除。
- **膠彩**：生成的圖像沒有任何有關膠彩的元素，因此可刪除。

3. 重新撰寫提示詞，輸入並送出後，生成較為接近的視覺效果：

「粉彩風格，倒映湖邊的樹林，重複出現的樹木，寧靜，寂靜，群青色扁平天空，極簡留白。」

7-2 簡單水彩風格：軟萌小女孩

水彩風格在 AI 圖像生成中通常呈現一種輕盈、通透的視覺效果。可愛的小女孩用水彩風格呈現，以柔和的色調突顯可人的氣質和周圍的溫柔氣氛。

7-2-1 簡單水彩風格示範

提示詞：簡單水彩風格，坐著的可愛瞇眼女孩，瞇著眼微笑，淺色系，戴著太陽花花圈，身邊有兩隻可愛的小兔子。

畫面描述：淺橘色頭髮女孩露出燦爛的笑容，散發著溫暖與喜悅的氣氛，頭戴太陽花花圈，身穿白色洋裝和襪子盤腿坐著，身邊有兩隻可愛的兔子。水彩風格，顏色柔和細膩。

> **TIPS** 重複輸入重要提示詞
>
> 需要生成必要物件時，建議多次輸入該關鍵字，以確保順利生成。

7-2-2 替換簡單水彩風格

文藝復興油畫風格：注重光影和細節的表現，寫實，帶有古典風格。

提示詞：文藝復興油畫風格，坐著的可愛瞇眼女孩，瞇著眼微笑，帶著太陽花花圈，身邊有隻可愛的兔子。

蠟筆風格：以粗線條或筆觸呈現，表現出童趣、塗鴉的感覺。

提示詞：蠟筆風格，坐著的可愛瞇眼女孩，瞇著眼微笑，帶著太陽花花圈，身邊有隻可愛的兔子。

7-17

馬上練習

嘗試寫出這張圖像的提示詞。

提示詞填空：

水彩簡單風格，[1] 色調，一個 [2] 飛揚的可愛女孩在 [3]，身穿粉紅色 [4]，周圍圍繞著幾隻毛絨的 [5] 和兔子。

參考答案

水彩簡單風格，**粉紅** 色調，一個 **短髮** 飛揚的可愛女孩在 **跳舞**，身穿粉紅色 **洋裝**，周圍圍繞著幾隻毛絨的 **狐狸** 和兔子。

7-3 粉彩粗糙極簡風格：漂浮小男孩

粉狀的擴散帶來夢幻的視覺效果，柔和的質地使色調和漸層呈現柔美的氛圍，適合用來表現夢境或異世界之旅。

7-3-1 粉彩粗糙極簡風格示範

提示詞：粉彩粗糙極簡風格，夢境與現實交錯，夢幻，一個睡著的可愛的小男孩飄浮在空中，旁邊有飄浮的雲朵和星星，身下有張空床，地板上有窗戶影子，身後有一棵巨大的月亮，藍紫色調。

畫面描述：一個漂浮在房間的男孩，身邊有一朵朵雲、星星和一顆有坑洞的月亮，窗外透進微微的光線。藍紫色調的粉彩風格，筆觸粗糙。

7-3-2 替換粉彩粗糙極簡風格

酒精麥克筆風格：具有高飽和度、高透明的特色，以製造豐富的色彩變化。

> 提示詞：酒精麥克筆風格，夢境與現實交錯，夢幻，一個睡著的可愛的小男孩飄浮在空中，旁邊有飄浮的雲朵和星星，身下有張空床，地板上有窗戶影子，身後有一棵巨大的月亮，藍紫色調。

蠟筆風格：通常以粗線條或筆觸呈現，表現出童趣、塗鴉的感覺。

> 提示詞：蠟筆童趣風格，夢境與現實交錯，夢幻，一個睡著的可愛的小男孩飄浮在空中，旁邊有飄浮的雲朵和星星，身下有張空床，地板上有窗戶影子，身後有一棵巨大的月亮，藍紫色調。

馬上練習

嘗試寫出這張圖像的提示詞。

提示詞填空：

[1] 風格，一個可愛的小男孩趴在飄浮的 [2] 上睡覺，旁邊有飄浮的 [3] 和 [4]，身旁有隻巨大的 [5]。

參考答案

粉彩粗糙極簡 風格，一個可愛的小男孩趴在飄浮的 **月亮** 上睡覺，旁邊有飄浮的 **雲朵** 和 **星星**，身旁有隻巨大的 **玩具熊**。

7-21

7-4 潦草簡筆速寫風格：天真小男孩

速寫風格線條具有速度感與隨性的特質，並且具有多變性，不會過度著重細節。天真朝氣的小男孩用潦草簡筆速寫風格表現，更突顯隨性率真的性格。

7-4-1 潦草簡筆速寫風格示範

提示詞：潦草簡筆速寫風格，一個天真的可愛小男孩穿著睡衣，睡眼矇矓的瞇眼刷牙。

畫面描述：一個穿藍色睡衣的微笑男孩，手上拿著牙刷正在刷牙，身邊有一個裝著牙刷的漱口杯。黑白線條，簡單帶有一些隨意。

7-4-2 替換潦草簡筆速寫風格

夢幻油畫風格：柔和奇幻的光線與色彩，以細膩的手法表達，呈現童話般的場景。

提示詞：夢幻油畫風格，一個天真的可愛小男孩穿著睡衣，睡眼朦朧的瞇眼刷牙。

色鉛筆風格：通常以細緻筆觸或線條呈現，使顏色漸層平滑自然的過渡。

提示詞：色鉛筆風格，一個天真的可愛小男孩穿著睡衣，睡眼朦朧瞇眼刷牙。

CHAPTER 7　多樣風格融合創作

7-23

馬上練習

嘗試寫出這張圖像的提示詞。

實現進階應用

提示詞填空：

[1] 風格，一個天真可愛的小男孩正在 [2]，頭上有 [3]、[4]、[5] 符號。

參考答案
簡筆潦草速寫 風格，一個天真可愛的小男孩正在 **思考**，頭上有 **劍**、**餅乾**、**木馬** 符號。

7-24

7-5 敦煌壁畫風格：優雅仕女

敦煌壁畫風格展現大色塊的平面效果，色彩古樸，具有豐富的中式裝飾性元素。描繪人物頭髮、衣物及動作線條流暢，藉此表現人物動態和畫面節奏感。

7-5-1 敦煌壁畫風格示範

提示詞：敦煌壁畫風格，一個簡約優雅的圓臉仕女手拿仕女圓扇，站在很多燈籠下，仰頭望著燈籠。

畫面描述：一個穿中國服飾的女子，面帶淺笑，動作優雅，手上拿著仕女扇，身後是河和橋，也有中式建築。頭上有許多發亮的燈籠，淺棕色、茶色。

7-5-2 替換敦煌壁畫風格

剪紙風格：平面的剪紙常用細緻有層次的圖案表現出立體感，精細繁複的剪紙風格往往表現出精彩的視覺風格和效果。

提示詞：中國剪紙風格，一個可愛優雅的仕女手拿仕女扇，站在很多燈籠下，仰頭望著燈籠。

卡通風格：為使角色精準傳達情緒，卡通人物的表情通常較為明顯，描繪也常常會使用輪廓線條，色調也會較為鮮豔。

提示詞：卡通風格，一個仕女手拿仕女扇，站在很多燈籠下，仰頭望著燈籠，簡約優雅。

馬上練習

嘗試寫出這張圖像的提示詞。

提示詞填空：

[1] 風格，一個可愛的 [2] 手上拿著一枝 [3] 在籠子邊逗弄籠中 [4]，簡約優雅，色彩簡單。

參考答案

敦煌壁畫 風格，一個可愛的 **仕女** 手上拿著一枝 **樹枝** 在籠子邊逗弄籠中 **小鳥**，簡約優雅，色彩簡單。

CHAPTER 7 多樣風格融合創作

7-27

7-6 水墨寫意渲染風格：逗趣小老頭

水墨技法的獨特表現方式之一，濃淡深淺的墨韻充分描繪並表現出物體形狀與畫面的節奏感，以意象替代具象寫實的視覺表現技巧。

7-6-1 水墨寫意渲染風格示範

提示詞：水墨寫意渲染風格，極簡留白，有一個穿中國功夫服的長長白鬍鬚小老頭在立起來的雞蛋上單腳站立，閉上眼睛擺出功夫姿勢。

實現進階應用

畫面描述：一位留著超長白鬍鬚的功夫老頭，正單腳站立在一顆立起來的蛋上展示武功姿勢。黑白水墨畫風格，線條筆畫有粗細變化，黑、白、灰三色。

7-6-2 替換水墨寫意渲染風格

浮世繪風格：以線條勾勒輪廓，色彩使用天然植物或礦物顏料。顏色多以大色塊呈現，陰影與漸層較少，表現出平面視覺效果。

> 提示詞：浮世繪風格，有一個穿中國功夫服的長長白鬍鬚小老頭在立起來的雞蛋上單腳站立，閉上眼睛擺出功夫姿勢。

3D 公仔風格：3D 公仔會有細緻的光影變化，表現立體感與質感。

> 提示詞：3D 公仔風格，有一個穿中國功夫服的長長白鬍鬚小老頭在立起來的雞蛋上單腳站立，閉上眼睛擺出功夫姿勢。

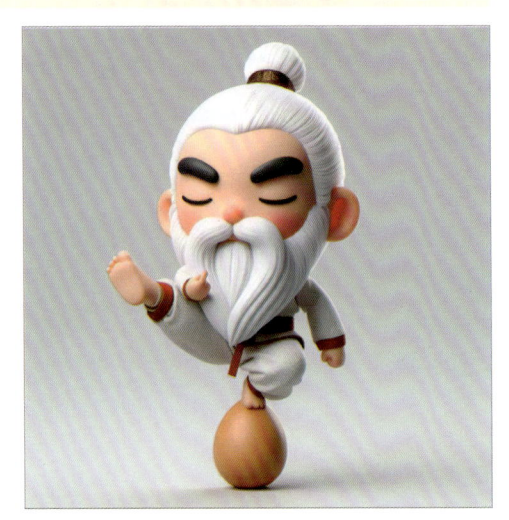

馬上練習

嘗試寫出這張圖像的提示詞。

實現進階應用

提示詞填空：

[1] 寫意風格，極簡留白，一個光頭留著 [2] 的矮個子 [3] 拿著 [4]，打掃庭院，腳邊有成堆的 [5]。

參考答案

水墨 寫意風格，極簡留白，一個光頭留著 **白鬍鬚** 的矮個子 **老頭** 拿著 **竹掃把**，打掃庭院，腳邊有成堆的 **落葉**。

7-7 簡單水墨風格：超仙嫦娥

簡單水墨風格在 AI 圖像生成裡通常呈現一種扁平的視覺效果。柔和淡雅的色調表現復古的視覺效果，中式元素表現良好。

7-7-1 簡單水墨風格示範

提示詞：中國簡單水墨風格，仙氣飄飄，豐腴圓潤的可愛嫦娥在月亮上和可愛的玉兔吃月餅。

畫面描述：一個穿著中國服飾的女孩，抱著港式月餅坐在一隻白色兔子旁邊，兔子手上拿著一個月餅，身後有一個大月亮，上面有兩隻兔子。顏色柔和細膩。

7-7-2 替換簡單水墨風格

3D 動畫風格：能以光影的立體感，創作出具有透視感的空間深度。

提示詞：3D 動畫風格，豐腴圓潤的可愛嫦娥在月亮上和可愛的玉兔吃月餅。

古典油畫風格：細緻、寫實的表現方式刻畫細膩的色彩變化與氛圍。

提示詞：古典油畫風格，仙氣飄飄，豐腴圓潤的可愛嫦娥在月亮上和可愛的玉兔吃月餅。

馬上練習

嘗試寫出這張圖像的提示詞。

① ② ③ ④

提示詞填空：

中國 [1] 簡單風格，身穿 [2] 色的可愛女孩正在和一隻 [3] 玩，手上拿著 [4]，蹲在地上。

參考答案

中國 **水墨** 簡單風格，身穿 **紅** 色的可愛女孩正在和一隻 **黑貓** 玩，手上拿著 **蘆葦**，蹲在地上。

CHAPTER 7 多樣風格融合創作

7-33

7-8 夢幻芭蕾插畫風格：貓咪與芭蕾舞伶

夢幻芭蕾風格呈現朦朧氤氳的氣氛，在這種氛圍下加入一些不尋常的場景，能帶來更驚奇的視覺效果。

7-8-1 夢幻芭蕾插畫風格示範

提示詞：夢幻芭蕾插畫風格，朦朧極簡，一個小女孩被一隻毛茸茸的大貓咪包裹住，旁邊有一個緞帶散開，被拆開的禮物盒。

畫面描述：一個穿著白色絨毛披肩和淺藍色芭蕾舞紗裙的女孩，身旁有隻巨大的長毛貓，身前有個打開的禮物盒，表情柔和，顏色溫柔細膩。

7-8-2 替換夢幻芭蕾插畫風格

復古魔幻插畫風格：誇張戲劇的人物表情及動態，常使用深色輪廓線描繪。

提示詞：復古魔幻插畫風格，一個小女孩被一隻毛茸茸的大貓咪包裹住，旁邊有一個緞帶散開，被拆開的禮物盒。

水彩寫實風格：細緻的細節與柔和顏色效果，適合有童話色彩的故事。

提示詞：水彩寫實風格，一個小女孩被一隻毛茸茸的大貓咪包裹住，旁邊有一個緞帶散開，被拆開的禮物盒。

馬上練習

嘗試寫出這張圖像的提示詞。

提示詞填空：

夢幻芭蕾插畫風格，朦朧極簡，一個小女孩站在巨大音樂盒上 [1]，上面有一隻 [2]，前景有模糊逆光的 [3] 和 [4]，柔和 [5]。

> **參考答案**
>
> 夢幻芭蕾插畫風格，朦朧極簡，一個小女孩站在巨大音樂盒上 **跳舞**，上面有一隻 **青鳥**，前景有模糊逆光的 **茶杯** 和 **甜點**，柔和 **聚光燈**。

7-9 水墨侘寂風格：燕子

水墨侘寂風格搭配極簡留白，能產生水墨塗鴉或剪影的視覺效果。

7-9-1 水墨侘寂風格示範

提示詞：水墨侘寂風格，極簡留白，電線上站著一排麻雀，後方有巨大月亮。

畫面描述：一隻隻水墨畫麻雀整齊排列站在電線上，後方是巨大的墨色渲染月亮，墨色有濃淡之分，並以極簡單色呈現。

7-9-2 替換水墨侘寂風格

報紙拼貼塗鴉風格：報紙印刷的文字搭配塗鴉的圖案，呈現特殊的街頭風格。

提示詞：報紙拼貼塗鴉風格，電線上站著一排麻雀，後方有巨大月亮。

像素風格：以多個方塊組成，呈現低解析度的畫面、簡單復古遊戲畫面。

提示詞：像素風格，空白背景，電線上站著一排麻雀，後方有巨大月亮。

馬上練習

嘗試寫出這張圖像的提示詞。

提示詞填空：

[1] 風格，[2] 留白，[3] 中的微小 [4]。

參考答案

水墨侘寂 風格，**極簡** 留白，**石蒜花海** 中的微小 **忍者**。

CHAPTER 7 多樣風格融合創作

7-39

7-10 水彩代針筆線條風格：女孩與狗

代針筆線條粗細幾乎一致，以線條的疏密來表現物體質感與速度感。和水彩風格結合通常呈現一種輕鬆隨意的感覺。

7-10-1 水彩代針筆線條風格示範

提示詞：水彩代針筆線條風格，極簡主義，一個帶著陽光笑容的女孩，蹲在地上，與大長毛狗互相擁抱，風元素。

畫面描述：穿著休閒牛仔吊帶褲的少女，抱著一隻淺卡其色大狗狗，笑得很開心。頭髮被風吹起。代針筆線條風格。

7-10-2 替換水彩代針筆線條風格

裝飾性插畫風格：通常以細緻平面小色塊組合而成，圖案性與裝飾性強。

提示詞：裝飾性插畫風格，極簡主義，一個帶著陽光笑容的女孩，蹲在地上，與大長毛狗互相擁抱，風元素。

民族風圖騰風格：結合多種文化民俗的圖騰與線條，生成圖案性強的圖。

提示詞：民族風圖騰風格，極簡主義，一個帶著陽光笑容的女孩，蹲在地上，與大長毛狗互相擁抱，風元素。

🧊 **馬上練習**

嘗試寫出這張圖像的提示詞。

實現進階應用

提示詞填空：

水彩代針筆線條風格，極簡，[1] 陶醉地 [2]，她的柔順 [3] 如水流一樣與 [4] 結合在一起。

參考答案

水彩代針筆線條風格，極簡，**人魚** 陶醉地 **唱歌**，她的柔順 **長捲髮** 如水流一樣與 **海浪** 結合在一起。

7-42

7-11 插畫風格：戀愛情侶

大範圍留白、色彩和線條簡單的插畫風格，搭配明亮柔和的色調能讓人感到心情放鬆。

7-11-1 情人節主題

提示詞：日系插畫風格，放學路上，可愛女學生身後跟著一個男學生背在身後的手拿著花束，遠景是大朵白雲，極簡晴空，人物微小。

畫面描述：單色極簡色塊和簡單線條構成的日系插畫風格，柔和淺色調。站在馬路上穿著日式制服的學生。

> **TIPS** "微小"的效果
>
> 提示詞"微小"可使物品或角色在畫面的所占比例較小，更能突顯背景風景，有助於畫面構圖和空間氛圍呈現。

7-11-2 替換日系插畫風格

手繪風格：搭配輕鬆日常的題材，色調會變得更輕柔。

提示詞：手繪風格，放學馬路上，一個可愛女學生身後跟著一個男學生，拿著花束，遠景是大朵白雲、地平線，極簡晴空。

水彩渲染風格：留有水彩的顏料及筆觸痕跡，色調清新，帶有水暈開的痕跡。

提示詞：水彩渲染風格，放學馬路上，一個可愛女學生身後跟著一個男學生，拿著花束，遠景是大朵白雲、地平線，極簡晴空。

馬上練習

嘗試寫出這張圖像的提示詞。

提示詞填空：

手繪風格，[1] 上，站在淺灘的白洋裝女孩，[2] 被風吹上天空，遠景是大朵 [3]、地平線，淺灘海面倒映 [4]，極簡晴空。

參考答案

手繪風格，**海灘** 上，站在淺灘的白洋裝女孩，**草帽** 被風吹上天空，遠景是大朵 **白雲**、地平線，淺灘海面倒映 **天空**，極簡晴空。

CHAPTER 7 多樣風格融合創作

7-45

單元練習

一、早安圖製作

1. 早安圖範例

    提示詞：極簡，異想天開，童趣，筆觸隨意，兒童粗糙的抽象線條素描，使用粉彩棒。日本溫泉區的和服女孩微笑揮手道早安，貓狗猴，晨曦。"good Morning"。

2. 請依照以上範例，自行構思早安圖提示詞。

二、晚安圖製作

1. 晚安圖範例

   提示詞：水彩輪廓畫，極簡，抽象，異想天開。夜晚，描繪一位小男孩和一隻坐在床上的貓拿著一本書。他們非常放鬆，閉著眼睛，星空滿天，"Good Night"。

2. 請依照以上範例，自行構思晚安圖提示詞。

三、運用下方提示詞及圖像，自行變換主題，生成圖像。

1. 極簡線條畫，美麗女人微笑，小白兔，幾筆線條勾勒，抽象不規則水墨潑灑。
2. 極簡線條畫，美麗女人動人微笑，小白兔，幾筆線條勾勒，抽象色塊。

3. 異想天開，童趣，日式漫畫風格，一個女孩與小水豚在跳街舞。
4. 異想天開，童趣，日式漫畫風格，女孩與小水豚在跳街舞，富士山。

8

極簡短提示詞

對初學 AI 生圖的人來說，使用簡單的提示詞是最為方便學習與了解生圖工具的廣博強大功能。簡短的提示詞只需說明主題，其他的就交給生圖工具來主導，讓想像力得以自由揮灑。本章主題的練習，是利用前面章節介紹的平台生成各式圖像，可根據需求或偏好，選擇合適的平台進行練習。

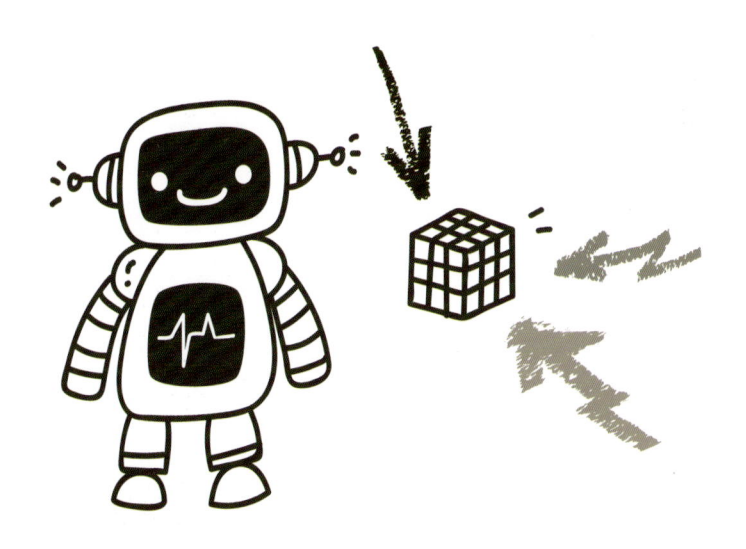

8-1 一句話生成圖像

簡短提示詞的"缺點"在於：所生成的圖像往往天馬行空，讓人目不暇給、驚喜連連，然而有時結果卻與我們的想像相去甚遠。這正是 AI 生圖令人著迷且欲罷不能的魅力所在！

8-1-1 簡短提示詞的特色

優點

- **隨想隨生**：有感而發時，只要將簡單的想法轉換為短短幾個字的詞句，不需要太過複雜的提示詞結構就能生成漂亮精美的圖像。
- **高隨機性**：僅依靠些許提示詞生成圖像，因此生成上也更為靈活、多變，可以提供許多創作靈感。
- **風格表現**：干擾的視覺元素較少，因此使用風格生成圖像的效果會較顯著。

缺點

- **不可控性**：簡單的提示詞無法控制細節，因此若腦中已經有清楚的構想，在生成圖像時，可能無法使用簡短描述生成符合需求的圖像。
- **風格要求**：對視覺元素或風格提示詞的依賴較高，須清楚了解各個提示詞在生成圖像時對視覺效果的影響。

8-1-2 詳細提示詞的特色

優點

- **細節掌握**：以不同形容詞或風格…等因素控制生成的元素，在之後想要生成類似圖像效果時，可以更快、更準確地生成結果。
- **實現構想**：若對於欲生成的圖像已有明確構圖，在生成圖像時描述各項條件，使生成的結果能與預想的更貼近。

缺點

- **風格表現**：多元的視覺元素容易干擾圖像的生成。看到某些喜歡的風格時，想使用詳盡具體的視覺元素描述，反而無法得到預想的結果。生成結果也會較為生硬。

8-1-3 簡短與詳細提示詞大比拼

將突發奇想的簡短句子延伸成較詳細的提示詞,並分別生成兩張圖像,比較兩者生成的圖像差異。

- **簡短提示詞**:生成一張圖片:童話故事書風格,長著複眼的漂亮男孩。(下左圖)

- **詳細提示詞**:這是一個童話故事書風格的插圖,描繪了一位擁有複眼的漂亮男孩。他的外貌精緻,皮膚光滑,五官柔和且具有非凡的吸引力。複眼如同昆蟲般,閃爍著多彩的光芒,宛如寶石般折射出夢幻的光輝,讓他的整體形象顯得既神秘又迷人。他穿著一套優雅且充滿幻想色彩的服裝,布料柔軟而飄逸,並帶有精細的花紋裝飾,顯得華麗而不失純真。背景是充滿魔法氣息的森林,光線柔和,樹木和花草間散發著閃爍的微光,營造出一個充滿夢幻色彩和神秘氛圍的童話世界。(下右圖)

▲ 以 CharGPT 生成此二圖

8-1-4 簡短提示詞搭配技巧

簡短提示詞不需要過於詳細的描述視覺元素,少量的提示詞更能靈活轉換元素表現方式,將風格與合適的主題元素結合即能生成意想不到的驚艷效果。

- **風格組合**:每種風格都有獨特的構成元素,針對每種風格的特色,搭配合適的視覺、氛圍狀態,例如:印象派特別的光影、顏色表現,搭配明媚活潑…等增添氣氛的提示詞,能達到加乘效果;童話風格的童趣稚嫩搭配詭譎的氣氛提示詞,會製造出奇不意的有趣效果。

- **主題元素**:人物、動植物、景色…等主題,針對欲突顯的部分:情緒、臉部、毛髮、光線、空間、動作…等的表現方式選擇風格,例如:飛揚的毛髮可以使用風元素、代針筆…等提示詞,增添線條的動態和動態視覺效果。

8-2　童趣天真藝術：閱讀小女孩

多種風格或形容詞交織在一起，可以碰撞出新火花，使原本單調常規的畫面變得富有想像力。提示詞"童趣"與"天真藝術"能使畫面稚嫩有趣；"異想天開"能使畫面裡的物件飛上天。

8-2-1　童趣天真藝術示範

提示詞：童趣、極簡、抽象，天真藝術，異想天開，小女孩趴著閱讀繪本，繪本滿天飛。

畫面描述：一個趴在書上的女孩，身後有一堆騰空而起的書，畫面結構簡單，色調明亮柔和，風格童趣可愛。

8-2-2 替換"閱讀小女孩"

> 飛天美女

提示詞：童趣、極簡、抽象，天真藝術，異想天開，長髮美女飛天吃美食。

> 飛天豬

提示詞：童趣、極簡、抽象，天真藝術，異想天開，飛天豬。

🔲 馬上練習

請嘗試以 "童趣、極簡、抽象，天真藝術，異想天開" 搭配合適的主題和元素，生成圖像。

實現進階應用

參考答案

童趣、極簡、抽象，天真藝術，異想天開，長著翅膀的鯨群在天上飛。

8-3 風元素：搖曳生姿的女人

加上"風元素"提示詞，能使線條或色塊連貫流暢，呈現空氣流動的感覺。非常適合用來表現飛起來的長髮或是布料…等材質，並營造恣意、逍遙和自由的感覺。

8-3-1 風元素示範

提示詞：風元素，搖曳生姿的女人。

畫面描述：一個女孩正在享受風的吹拂，長髮以平面圖案色塊的方式呈現。黃色與藍色搭配呈現明亮溫暖的感覺。

8-3-2 替換 "搖曳生姿的女人"

> 騎著馬的蒙古少女

提示詞：風元素，騎著馬的蒙古少女。

> 蘆葦河岸

提示詞：風元素，風起雲湧，蘆葦河岸。

實現進階應用

8-8

馬上練習

請嘗試以"風元素"搭配合適的主題和元素，生成圖像。

參考答案

風元素，漂浮的陽傘女孩，穿著洋裝。

8-4　童話插畫風格：魔幻森林

為了使童話故事內容有強烈的吸引力，不僅需要帶有童趣，氛圍的經營更是要一步到位。以夢幻的童話故事為創作題材，如：充滿著神秘與魔幻元素的魔法森林。

8-4-1　童話插畫風格示範

提示詞：童話插畫風格，螢光蘑菇神祕黑暗、魔幻森林。

畫面描述：夜晚黑暗森林中散發著神秘光芒的蘑菇，有奇幻的發光圖騰。

8-4-2 替換 "魔幻森林"

月光黑森林

提示詞：童話插畫風格，柔美月光的黑森林。

宮廷晚宴

提示詞：童話插畫風格，極簡，宮廷晚宴。

> 📦 **馬上練習**

請嘗試以"童話插畫風格"搭配合適的主題和元素，生成圖像。

實現進階應用

參考答案

童話插畫風格，極簡，森林中拿著弓箭的金髮精靈王子。

8-5 民間藝術：歡樂愛爾蘭

使用"民間藝術"提示詞並加上某些國家或民族文化的視覺元素，能生成裝飾性的圖案，以簡單的色塊線條組合成類似圖騰的效果，會呈現節慶或歡樂愉快情境。

8-5-1 民間藝術示範

提示詞：民間藝術、異想天開，愛爾蘭人歡樂舞蹈，背景空白。

畫面描述：一個穿愛爾蘭傳統服飾的女子，面帶淺笑，正在手舞足蹈，身邊是一些花和樂器的圖案。氛圍活潑。

> **TIPS** 加上英文提示詞
>
> 有些風格或中文專有名詞在生成時會無法清楚辨識，這時可以在提示詞後加上英文提示詞，在生成圖像時會更為精準。

CHAPTER 8　極簡短提示詞

8-13

8-5-2 替換 "歡樂愛爾蘭"

春天小動物

提示詞：民間藝術，異想天開，一群小動物在森林裡慶祝春天的到來，背景空白。

舞於鬱金香花園

提示詞：民間藝術，木刻版畫，荷蘭鬱金香花園跳舞的青年。

🧊 馬上練習

請嘗試以"民間藝術"搭配合適的主題和元素,生成圖像。

參考答案

民間藝術,極簡,絲綢、香料和沙路。

8-6 莫迪里安尼風格：紅衣女孩

著名畫家莫迪里安尼以人物為繪畫題材，畫面風格呈現一種神秘安靜的氛圍，人物也以一種靜謐無言的姿態呈現，彷彿盡力與觀眾分隔出兩個不同空間。

8-6-1 莫迪里安尼風格示範

提示詞：莫迪里安尼油畫，詭譎空靈，極簡，一個面無表情修長脖子的紅衣女孩抱著黑貓。

畫面描述：一個穿紅衣的修長女子抱著一隻黑貓，面無表情，光線晦暗不明，模糊但對比分明的色塊就像是要融合在一起，灰濛濛的陳舊感。

> **TIPS** 藝術流派與藝術家
>
> 莫迪里安尼是表現主義的代表畫家之一，使用其作為生成圖像的提示詞時，可能會出現其他表現主義藝術家的風格，因此視覺元素的描述需要根據題材進行適當的調整，才能更精準的生成莫迪里安尼的視覺風格。

8-6-2 替換 "紅衣女孩"

水母裙女士

提示詞：莫迪里安尼，水母裙淑女，詭異氛圍。

修長男孩

提示詞：莫迪里安尼油畫，簡約黑暗童話，修長男孩。

馬上練習

請嘗試以"莫迪里安尼風格"搭配合適的主題和元素，生成圖像。

參考答案

莫迪里安尼，細緻油畫，皮膚蒼白的淑女，黑紗小圓帽，白髮，深綠色背景，詭異氛圍。

8-7 詭譎壓抑：童話世界

"詭譎壓抑"提示詞根據場景的類型，適合營造詭異的氛圍與壓抑色調。是生成空無一人的場景時，常會運用到的關鍵提示詞。

8-7-1 詭譎壓抑風格示範

提示詞：詭譎壓抑，天真童話、童趣繪本風格，扭曲樹幹和紅楓森林小徑。

畫面描述：一條蜿蜒的森林小徑延伸進空無一人的紅楓樹林，消失在起霧的樹林盡頭，有一隻貓坐著向上看。樹枝扭曲並呈現盤根錯節的狀態。

8-7-2 替換童話世界

湖中漣漪

提示詞：詭譎壓抑，油畫插畫風格，寂靜湖中的一個漣漪。

街道人影

提示詞：詭譎壓抑，色鉛筆風格，寂靜的街道憑空出現一道很長的人影。

馬上練習

請嘗試以 "詭譎壓抑" 搭配合適的主題和元素，生成圖像。

參考答案

風格詭譎壓抑、黑暗，利奧諾拉卡林頓風格，街道上一隻有人臉的白狗，遠景。

8-8 雷諾瓦風格：漂浮女子

印象派畫家雷諾瓦光影的呈現，在肌膚上具有其獨特的表現，繪畫題材多為花園和年輕女子…等，筆下女性甜美可人，畫面通常呈現歡樂愉快的氛圍。

8-8-1 雷諾瓦風格示範

提示詞：雷諾瓦油畫，夢幻花園，漂浮在水中的女子。

畫面描述：一個穿著白色紗裙的女子，呈現仰躺，漂浮在水面上，身下有被激起的漣漪。身處華麗又明媚的花園。雷諾瓦油畫風格。

8-8-2 替換 "漂浮女子"

年輕貴族

提示詞：雷諾瓦油畫，單腳跪在水池邊的年輕貴族。

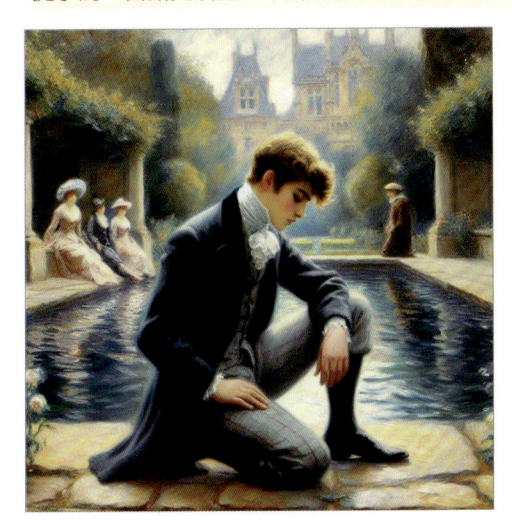

幽會情侶

提示詞：雷諾瓦油畫，一對在玫瑰花叢偷偷約會的貴族情侶，氣氛甜蜜曖昧。

馬上練習

請嘗試以 "雷諾瓦風格" 搭配合適的主題和元素，生成圖像。

實現進階應用

參考答案

雷諾瓦油畫，親吻天使的純潔少年。

8-9 密集重複：樹葉堆

密集重複的圖案符合美的形式原理，呈現數大便是美的美感效果。若無特別指定，通常呈現同一色調，上下、縱橫交錯，豐富層次。能做為裝飾物件或文宣背景。

8-9-1 密集重複示範

提示詞：密集重複圖案風格，一堆樹葉特寫。

畫面描述：滿地棕色樹葉，有深有淺，不規則的散落，就像蕭瑟秋季掉落的枯葉。

8-9-2 替換"樹葉堆"

> 秋天特寫

提示詞：密集重複圖案風格，一堆秋天特寫。

> 人頭特寫

提示詞：密集重複圖案風格，一堆人頭特寫。

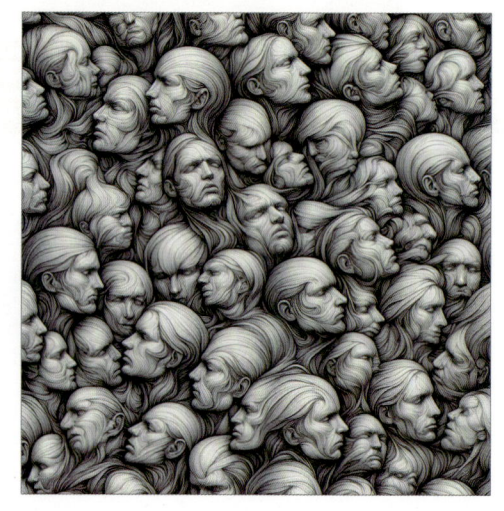

馬上練習

請嘗試以"密集重複圖案風格"搭配合適的主題和元素，生成圖像。

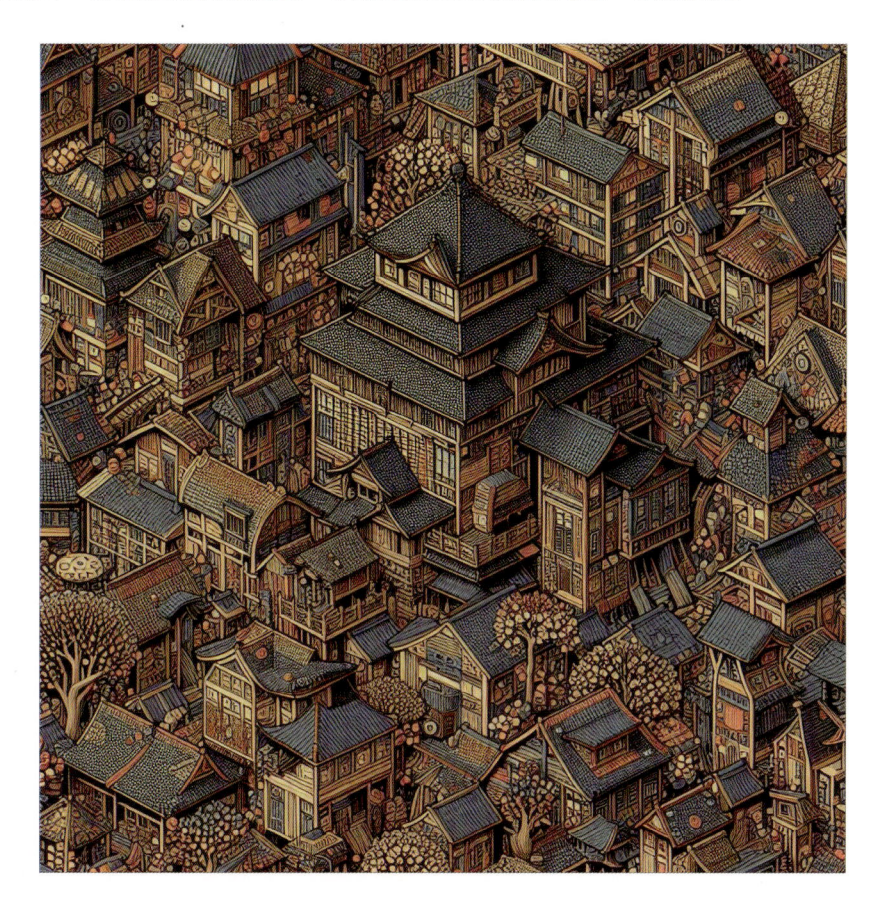

參考答案

密集重複圖案風格，擠在一起的府邸。

8-10 比亞茲來風格：紅衣舞女

黑白線條畫為主要繪畫形式的比亞茲萊，是著名英國插畫家，繪畫題材包含歷史、文學、神話…等，人物軀體纖細，衣著華麗，具有神秘與宗教感。

8-10-1 比亞茲萊風格示範

提示詞：比亞茲萊 Aubrey Beardsley，紅裙舞女。

畫面描述：穿著紅色長裙舞衣的少女，正在陶醉的舞動。身體及衣服動態以線條呈現律動感。

8-10-2 替換 "紅衣舞女"

替換吹笛人

提示詞：比亞茲萊 Aubrey Beardsley，紅帽子的魔笛吹笛人與老鼠。

藍翼仙子

提示詞：比亞茲萊 Aubrey Beardsley，藍翼仙子。

8-29

> 馬上練習

請嘗試以 "比亞茲萊風格" 搭配合適的主題和元素，生成圖像。

實現進階應用

參考答案

比亞茲萊 Aubrey Beardsley，黑直髮，拿著紅酒杯。

8-11　慕夏風格：華麗瞬間

裝飾性構圖和元素為代表風格的慕夏，女性是常見的繪畫題材，以柔美軀體線條和花卉、植物裝飾，構成唯美的畫面。

8-11-1　慕夏風格示範

提示詞：慕夏風格，華麗炸裂煙火，一瞬間的華麗。

畫面描述：黑暗的夜晚，遠方的天空中有絢爛的煙花，周圍有雲朵和煙霧，下方有城市和大橋。近景有人類肢體和頭髮被布料似的線條色塊包裹，周圍有一些光點，華麗唯美。

8-11-2 替換"華麗瞬間"

肚皮舞少女

提示詞：慕夏風格，平面插畫，肚皮舞 belly dance 少女。

香水淑女

提示詞：慕夏風格，平面插畫，調製香水的淑女。

替換練習

請嘗試以"慕夏風格"搭配合適的主題和元素，生成圖像。

參考答案

慕夏 Mucha 風格，平面插畫，波斯的少女，香爐，薰香，香料罐。

8-12 禪繞畫：鯨魚海浪

使用簡單的黑白幾何圖形與線條建構畫面的明暗深淺，不僅可以建立立體感，還能勾勒裝飾性圖案，效果絲毫不遜於彩色圖案。

8-12-1 禪繞畫示範

提示詞：禪繞畫，黑白線條，波濤洶湧的海浪和大鯨魚。

畫面描述：大浪中的鯨魚躍出水面，遠景有高山和太陽，太陽邊有雲朵和鳥類剪影。以線條表現海浪的水流與漩渦，以及被激起的浪花，鯨魚也以奇特的圖案組成。

8-12-2 替換 "鯨魚海浪"

孔雀開屏

提示詞：禪繞畫 Zentangle，黑白線條，圓形，孔雀開屏。

造物女神

提示詞：黑白禪繞畫，長髮如河流的造物女神，女媧。

馬上練習

請嘗試以 "禪繞畫" 搭配合適的主題和元素，生成圖像。

參考答案

禪繞畫 Zentangle，黑白線條，仲夏夜之夢。

8-13 塔羅牌風格：長髮女祭司

使用具有強烈象徵意義的圖案與圖示，角色的動作與符號皆有特殊意義。藝術風格表現有很大的差異，受到象徵主義影響，並融合多種風格，常見的有哥德、現代主義、超現實⋯等。

8-13-1 塔羅牌風格示範

提示詞：塔羅牌插畫風格，披著頭紗的長捲髮女祭司。

畫面描述：棕色捲髮、身穿祭司服飾的女子正臉半身，頭上散發光輝，散發神聖的氣質。

8-13-2 替換"長髮女祭司"

> 阿爾忒彌斯

提示詞：塔羅牌插畫風格，長直髮的阿爾忒彌斯。

> 大象背上的小丑

提示詞：塔羅牌插畫風格，異想天開，站在大象身上的小丑。

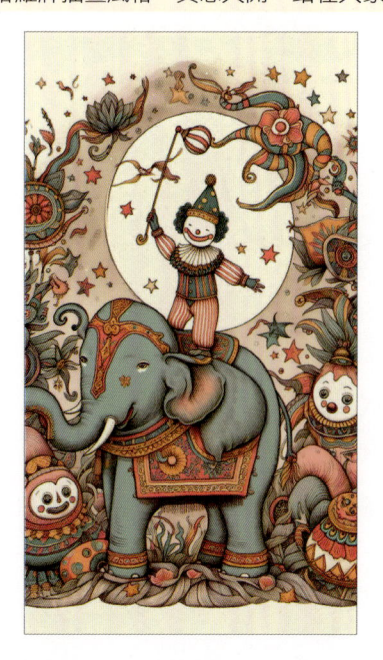

🧊 **馬上練習**

請嘗試以 "塔羅牌風格" 搭配合適的主題和元素，生成圖像。

CHAPTER 8 極簡短提示詞

參考答案

塔羅牌插畫風格，長捲髮的人魚。

8-39

單元練習

一、請參考以下範例,增減元素,將圖像修改成更有趣的樣子。

1. 極簡,童趣,抽象,異想天開,女孩與貓。

2. 極簡,童趣,抽象,天真藝術,異想天開,小女孩抱著小貓在閱讀繪本。

二、請參考以下範例,增減元素,將圖像修改成更古典、優雅的樣子。

1. 風元素,水墨畫,極簡淡彩,女俠客舞劍。

2. 風元素,寂靜夜晚的湖面,遠方的湖中女神。

三、請參考以下範例，增減元素，將圖像修改成更有氣氛的樣子。

1. 莫迪里安尼油畫，詭譎空靈，極簡，一個帶著紗帽的神秘男子。
2. 比亞茲萊 Aubrey Beardsley，納西瑟斯神話故事。

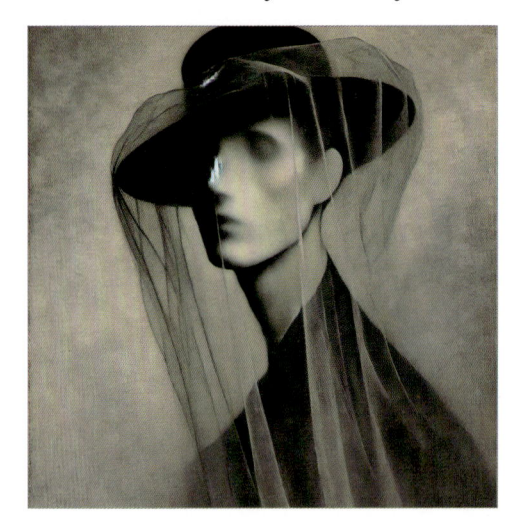

四、請參考以下範例，增減元素，將圖像修改成更有戲劇性的樣子。

1. 慕夏風格，公主在花園，全身，金色頭髮，藍眼睛。
2. 慕夏風格，男武士，全身，金色頭髮，藍眼睛。

五、請參考以下範例，增減元素，將圖像修改成更具氣氛的場景。

1. 詭譎壓抑，草間彌生風格，寂靜湖中的一個漣漪。
2. 密集重複圖案風格，許多樹枝縱橫交錯，裝飾性。

六、請參考以下範例，增減元素，將圖像修改成更具節慶氣氛的樣子。

1. 童話風格，插畫，可愛的小白兔和松鼠在爭搶栗子。
2. 民間藝術，異想天開，荷蘭鬱金香花園跳舞的青年，木刻版畫。

9

商業設計圖像

透過文字將概念視覺化，為設計提供具體靈感。從顏色到形狀，打造具有品牌識別度的 Logo；創造強烈戲劇效果的遊戲場景、精細的人物設定和遊戲介面視覺設計…等完整的遊戲概念；個性化的服飾設計與搭配模特兒的造型，為時裝提供完整的視覺展示效果。無論是 Logo、遊戲或是服飾，都能使用提示詞簡化設計過程，提升創意。本章主題的練習，是利用前面章節介紹的平台生成各式圖像，可根據需求或偏好，選擇合適的平台進行練習。

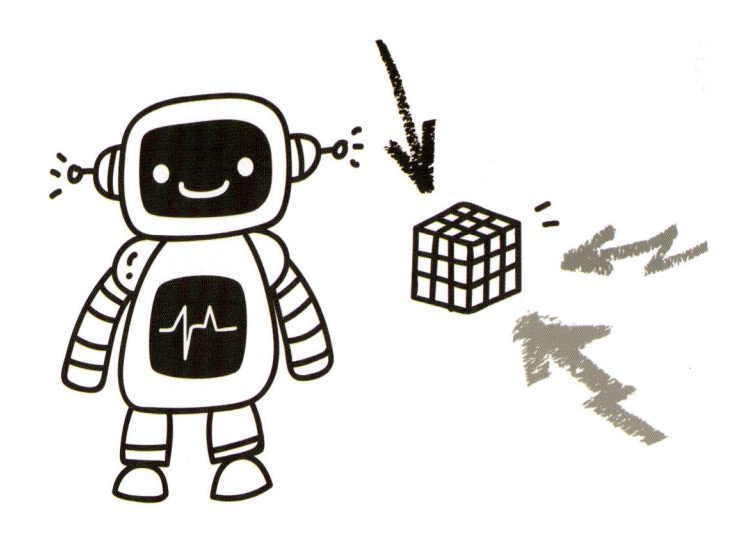

9-1 品牌與行銷設計

從品牌 Logo、會議簡報到宣傳廣告的圖像都能透過 AI 生成提升效率，並讓概念更加清晰明確，完整傳達。

9-1-1 品牌 Logo

人形 Logo

提示詞：設計 logo：一個男孩戴著鴨舌帽，手上拿著一杯插著吸管的飲料，高對比的色彩、簡化的亮面與暗面對比鮮明，寫實的人形輪廓，橘色調，text：Zilla。

提示詞：圓形 logo：綁辮子女性優美的側面臉部線條輪廓，搭配羽毛幾何圖案的簡約纖細線條設計 logo，使用裸色和金色點綴，整體以極簡的設計突出專業與高端感。

幾何圖形 Logo

提示詞：logo 設計：極簡線條風格，一條連續不斷的細直線折成極簡等距透視輔助線，線中間穿插樓梯和門以及窗戶，極簡風格，text：ArchiSphere。

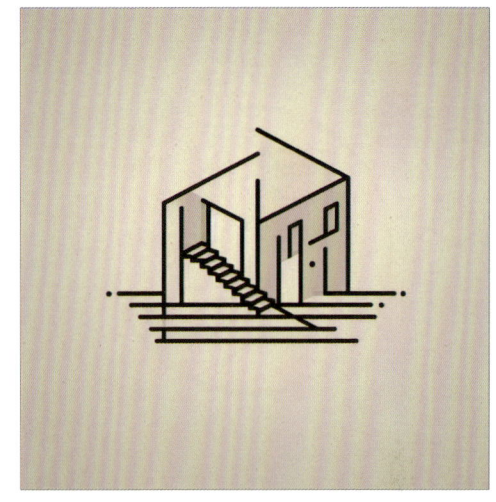

提示詞：設計 logo：極簡幾何直線條大色塊風格，單色，高低參差的 sound glitch 與鋼琴琴鍵結合，圓形 logo，極簡主義。

產品圖形 Logo

提示詞：圓形 logo：馬口鐵牛奶罐與小麥的形狀，歐式麵包結合，顏色使用自然色調，簡約自然的氛圍。

提示詞：設計 logo：極簡向量圖風格，雨傘下方是雲朵，邊緣有水珠滴落，後方是太陽，放射狀光芒。

9-1-2 會議簡報圖像

> 簡報封面

提示詞：極簡數位藝術、向量圖插畫風格，商業插畫，低飽和淺咖啡色彩，ppt簡報封面圖像，關於美妝用品聖誕節活動銷售活動成果節檢討。(下左圖)

提示詞：極簡數位藝術，向量圖插畫風格，室內擺設設計插畫，低飽和淺咖啡色色彩，ppt簡報封面。(下右圖)

> 簡報插圖

提示詞：極簡數位藝術、向量圖插畫風格，商業插畫，辦公室的會議場景，會議報告人站在白板前分析圓形圖表，空白背景。(下左圖)

提示詞：極簡數位藝術、向量圖插畫風格，商業插畫，戴著黃色安全帽的工地探查人員手上拿著平板，圍在一起討論，空白背景。(下右圖)

9-1-3 活動宣傳圖像

海報圖像

提示詞：手繪插畫風格，海報底圖，糖果店的萬聖節活動，結合糖果與萬聖節元素，搭配橘色與黑色，製造童趣的感覺，留出標題處的空白。

提示詞：海報底圖：細緻的粉彩手繪風格，細膩的光影，精緻的小蛋糕上有白色奶油做成的雪地，雪地上有一對情侶在滑冰。

社群媒體圖像

提示詞：社群貼文圖片：一台電風扇局部，一個小小人抓著電風扇的鐵絲網，努力抵抗風壓，用手抓著的部分鐵罩彎曲。

提示詞：社群貼文圖片：端午節活動，微縮攝影、移軸，酒瓶中倒出來的威士忌流到桌上，玻璃威士忌杯中形成漩渦，杯中有人在划龍舟，奮力抵抗水流，竹葉包著的巨大肉粽 (zongzi) 在桌上，呈現強烈的戲劇張力與效果。

🟦 **馬上練習**

請將品牌名稱、定位、理念與視覺風格轉換成提示詞，生成一系列的品牌 Logo、會議簡報圖像與活動宣傳圖像。

品牌名稱：Aulora Harmony

品牌定位：Aulora Harmony 是一個專注於提供沉浸式冥想與音樂治療的品牌，結合自然聲音與科技創新，為消費者打造身心靈平衡的空間。

品牌理念：讓心靈與自然共振，探索內心的寧靜之美。

品牌視覺風格：

- **色彩主題**：柔和極光色系（粉紫、青藍、薄荷綠）。
- **設計風格**：極簡流動線條風，搭配抽象的漸變線條，營造流動節奏感與和諧感。

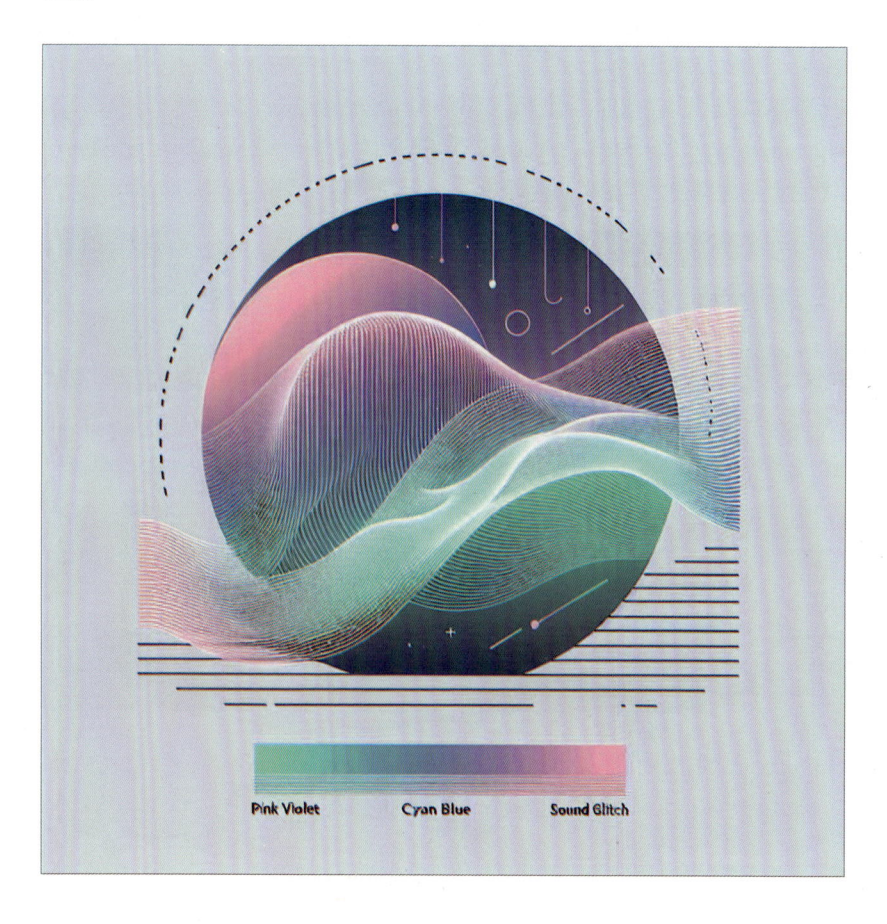

9-2 遊戲概念設計

概念藝術（Concept Art）是一種視覺藝術形式，應用於電影、電玩、動畫和漫畫…等娛樂媒體創作初期，作為表現創意構想或概念的方式。概念藝術主要傳達視覺化場景、角色、物件或世界觀的設計和效果，幫助團隊成員或客戶更有效理解創意構思。

概念藝術特點

- **展現創意和構思**：具體表現創意核心理念，呈現虛構場景及人物。
- **探索性的視覺化工具**：幫助探索和試驗不同視覺效果、色彩和結構。
- **應用範圍廣泛**：概念藝術通常被用於虛構世界內部的創建。

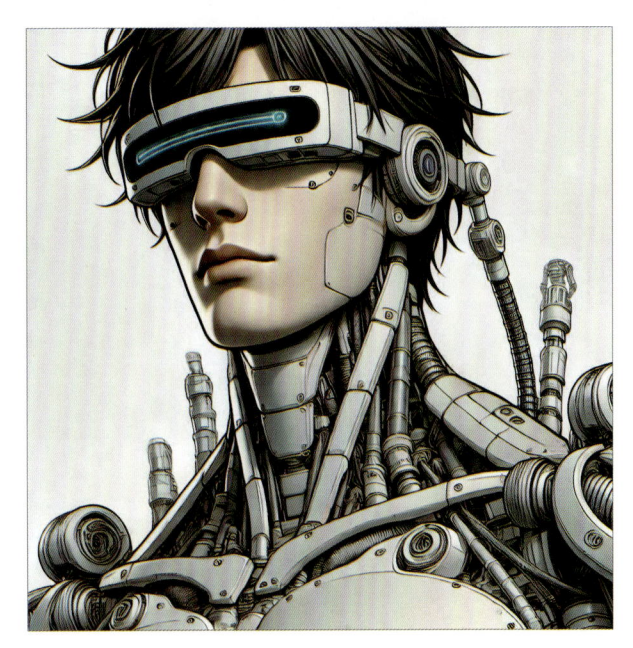

概念藝術應用

- **電影和動畫**：在電影製作的前期創作出角色、場景和重要視覺圖像。
- **電玩**：遊戲開發中，概念藝術用來創建遊戲世界、角色、武器和使用介面。
- **漫畫和書籍**：用於漫畫、繪本、科幻小說或其他視覺化創作設計。

概念藝術常見風格

- **寫實風格**：仿真、展現極具細節的人物景色，模擬現實或科幻場景…等。
- **奇幻風格**：創造不符合現實的虛構場景，充滿魔幻色彩的嶄新世界觀。
- **簡化風格**：強調輪廓、形狀和色彩搭配，減少細節，表現出整體氛圍。

9-2-1 設計遊戲場景

動漫風格場景

提示詞：遊戲場景：日本動漫風格，無人的日本校園，從教室門上的玻璃看進教室，裡面有一排排的課桌椅。

提示詞：遊戲場景：動漫風格，無人的日本河堤，旁邊開滿櫻花樹，單點透視。

科幻場景

提示詞：遊戲場景：科幻未來，透明質感基地聳立在無人的沙漠中，一望無際的沙漠，遠景是外太空和巨大的土星。

提示詞：遊戲場景：一個穿著登山服的人走在夜晚的雪地上，身後是腳印，一望無際的雪地，遠方有山，山的後方上空有一個巨大的圓球形基地，飄浮在畫面右上角天空，因為霧氣的緣故若隱若現，呈現詭異的壓迫感，整張畫面的氛圍靜謐、詭譎。

奇幻場景

提示詞：遊戲場景：奇幻神秘風格，深夜中的草原上有五塊巨大的石頭，圍成石陣，起霧的朦朧場景靜謐、深沉，頂視構圖。

提示詞：遊戲場景：奇幻神秘風格，奇幻場景，黑森林中一棵巨大的神木聳立在森林中央，一縷微弱的陽光從樹葉縫隙中透進來，周圍是精靈的城鎮，充滿精靈生活的相關物品，高大樹木上有精靈樹屋與吊索，吊索可以上下運送物品，採集花蜜的容器，容器的設計可以在花蜜裝滿後會自動運送至樹洞中。

9-2-2 設計遊戲人物

科幻人物

提示詞：角色設計圖：科幻風格，健壯精瘦的年輕英俊男性機器人，戴著未來科技 VR 眼鏡，露出高挺的鼻梁和薄唇，機械手臂，精細的機械零件。整齊黑色長髮。

提示詞：角色設計：科幻插畫風格，一座廢棄、長滿植物的幽暗廢棄研究院裡，一位健壯精瘦的英俊青年機器人，戴著未來科技 VR 眼鏡，露出高挺的鼻梁和薄唇，機械手臂，精細的機械零件，正在照顧水槽中的發光開花植物。

提示詞：角色設計圖：3D Ball-Jointed Doll 風格，女性機器人，眼神冷漠，人類皮膚，四肢為機械式的構造，精細的機械零件。柔順整齊的黑色短髮，肩膀處有充電孔和數字編號。

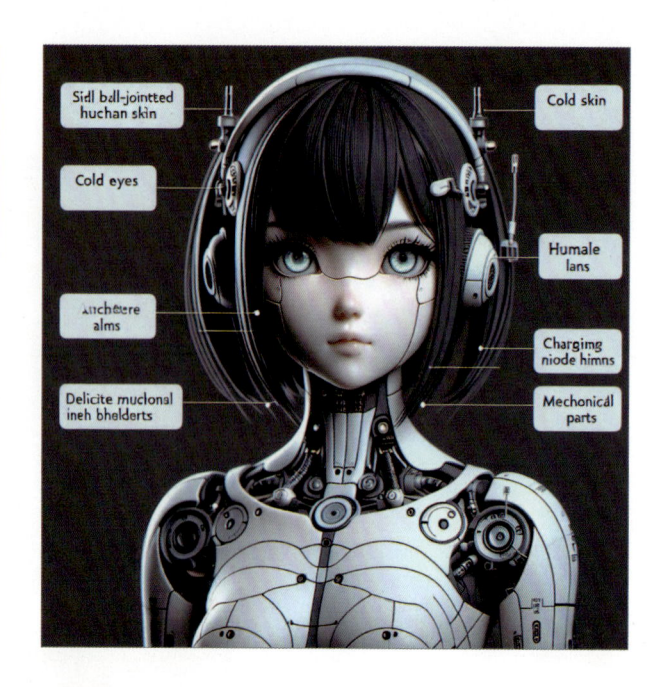

提示詞：角色設計：在人來人往的大型商場中，一位女性機器人被放置在一樓大廳中央，用圓筒狀玻璃槽裝著，從商場三樓往下看可以看到發光的微小玻璃槽和機器人。3D Ball-Jointed Doll 風格，女性機器人，眼神冷漠，人類皮膚，四肢為機械式的構造，精細的機械零件。柔順整齊的黑色短髮，肩膀處有充電孔和數字編號。

奇幻人物

提示詞：角色設計圖：一位高挑的金色長髮男性精靈，臉色陰鬱，神似貴族，手拿弓箭，揹著箭匣，長靴，腰間有一把短刀。

提示詞：角色設計：奇幻遊戲風格，幽暗的森林中，一位高挑的金色長髮男性精靈手拿弓箭，蹲在樹上悄悄拉開弓箭，瞄準樹下的巨大獵豹，呈現一觸即發緊張感，頂視、單點透視。

CHAPTER 9　商業設計圖像

提示詞：角色設計：水墨極簡風格，一位中國仕女樣貌的東方美人，眼角邊有花鈿，下半身是蛇尾，黑色柔順的長髮盤起，有幾縷直髮垂落在身前，穿著絲綢漢服，外罩衫為柔軟透明高貴的絲質材質，天青色，皮膚白皙細緻。

提示詞：角色設計：水墨彩色風格，一位中國仕女樣貌的東方美人，眼角邊有花鈿，下半身是蛇尾，黑色柔順的長髮盤起，有幾縷直髮垂落在身前，穿著絲綢漢服，外罩衫為柔軟透明高貴的絲質材質，石綠色，皮膚白皙細緻。閉眼半趴在貴妃榻上，單手托腮，慵懶的姿勢，畫面邊緣有床簾，半遮掩著柔和細緻的陽光，頭部及臉部占據畫面最前方，比例放大，表現出迎向鏡頭的動態感，身體則逐漸向後延伸強調了空間的深度與透視效果，單點透視。

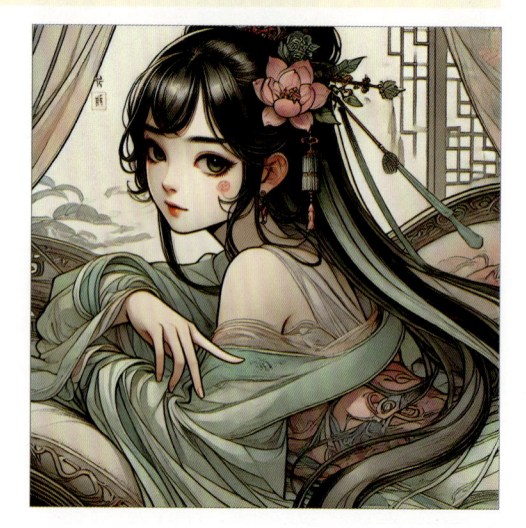

9-2-3 設計遊戲介面

療癒遊戲

提示詞：遊戲介面設計：日常療癒簡約遊戲，扁平風格，淺色調，農場的場景。

提示詞：遊戲介面設計：日常療癒簡約遊戲，扁平風格，淺色調，森林的場景。

音樂節奏遊戲

提示詞：遊戲介面設計：未來科幻遊戲，未來風格，霓虹色調，城市的場景。

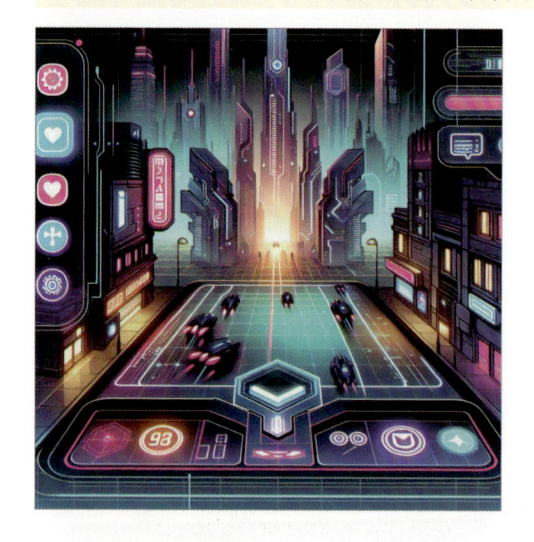

提示詞：遊戲介面設計：未來科幻遊戲，未來風格，霓虹色調，酒吧的場景。

🎲 馬上練習

請將遊戲概念轉換為提示詞,生成遊戲場景、角色設定、遊戲介面…等概念圖像。

- **遊戲名稱**:失落的宇宙核心

- **遊戲背景故事**:在一個瀕臨毀滅的未來世界,宇宙的核心正面臨崩壞危機。玩家將扮演一名探索者,駕駛古老而強大的宇宙航空艦穿梭於星系,尋找遠古文明留下的神器,修復星海並拯救星系的生命。

- **遊戲場景**:外太空的巨大星雲。

    - **色彩搭配**:深藍、紫色霧氣伴隨亮橙色星塵。星體漂浮,擁有發光的流動星河與巨型太空生物。

    - **氣氛**:神秘且壓迫,與星雲閃爍效果。

- **遊戲角色**:玩家角色:探星者 (The Stargazer)

    - **外型設計**:穿戴半透明的宇航服,顯示浮動的能量紋路。頭盔內的眼睛與表情會根據狀態顯示彩光變化。

    - **技能**:操控星塵生成護盾,啟動飛行增幅器進行閃避或高速衝刺。

- **遊戲主介面**

    - **設計風格**:採用半透明星空背景,按鈕與文字帶有細緻的光暈效果。

    - **繪製星雲地圖**:簡單 2D 平面設計,結合 3D 視角標記目標地點。

9-3 服飾搭配設計

服飾的版型、風格、顏色設計與搭配，皆需配合模特兒才能有完整的展示，使用提示詞描述模特兒外觀和搭配的服飾，即可快速呈現整體效果。

9-3-1 職場服飾

女士穿搭

提示詞：一位女性模特兒穿著米色料襯衫搭配淺咖啡色西裝過膝裙，整齊的棕色長髮，看起來正式又不失儀態。搭配紅棕色西裝外套和棕色皮鞋，紅色領巾。雜誌攝影風格。

男士穿搭

提示詞：一個男性模特兒穿著橄欖綠色料襯衫搭配西裝長褲，整齊的金色短髮，看起來正式又不失儀態。搭配棕色的西裝外套和棕色皮鞋，米白色的領帶。

9-3-2 休閒服飾

女士穿搭

提示詞：一個女性模特兒穿著，橘色軟布料襯衫搭配丹寧長褲，淺棕色微卷短髮，看起來慵懶、優雅。搭配棕色的長版風衣外套和棕色靴子和孔雀綠的絲巾。

男士穿搭

提示詞：一個男性模特兒穿著，橘色軟布料襯衫搭配丹寧長褲，淺棕色微卷短髮，看起來慵懶、優雅。搭配棕色的長版風衣外套和棕色靴子和孔雀綠的絲巾。

9-3-3 禮服

女士穿搭

提示詞：一名白皙的女性模特兒穿著黑色修身花瓶裙，魚尾裙下擺垂落在地，白色露肩領子設計，領口布料褶皺作，剪裁時尚、不對稱，頭髮挽起，帶著優雅華麗的透明紗質花朵耳環。

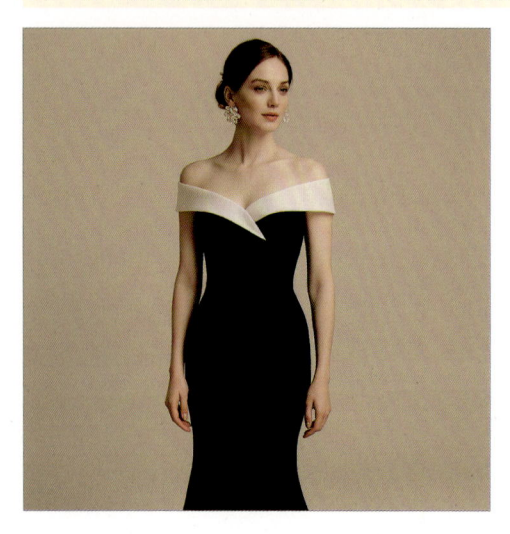

男士穿搭

提示詞：一名小麥色皮膚的男性模特兒穿著白色禮服外套，內裡為黑色高領，肩膀處布料褶皺，胸口有黑色布料皺褶，剪裁正式、時尚、不對稱，頭髮向後梳，腰帶簡約有設計感。

實現進階應用

9-3-4 街頭童裝

提示詞：一名女孩童裝模特兒穿著街頭風格的服飾，白色皮衣外套，咖啡色皮製短裙，上面有布料製作的徽章圖案，縫製在裙子上，穿著白色靴子，上面沾著一些油漆，綁著辮子的頭髮造型，綁著頭巾，頭巾上沾著一點油漆。(左)

提示詞：一名男孩童裝模特兒穿著街頭風格的服飾，飛行員羽絨外套，工裝褲垂落在地，上面有布料製作的徽章圖案，縫製在褲子上，穿著靴子，上面沾著一些油漆，微微上翹的頭髮造型。(右)

9-3-5 親子運動服飾

提示詞：一名男性模特兒與一名女孩模特兒穿著運動服飾，款式為親子組合，黑色太空棉材質衛衣，胸口有大字樣：Air Space，搭配純棉材質灰色運動長褲，束口款式與寬鬆連帽外套，螢光藍跑步鞋，女孩模特兒帥氣姿勢，手搭在單膝跪的男性模特兒肩膀上。

9-3-6 民族元素服飾

> **女士穿搭**

提示詞：一名女性模特兒穿著融入蒙古風格特色的時尚服飾，內裡是高領酒紅色棉布衣，圍著寬大的白色圍巾，遮住下巴，腰帶有民族圖樣刺繡，上面掛著動物牙齒和銀飾，帶著孔雀藍的大耳環。

> **男士穿搭**

提示詞：一位男性模特兒穿著融入蒙古風格特色的時尚服飾，內裡是立領孔雀藍色棉布衣，圍著寬大的單肩酒紅色布帛，邊緣有白色動物絨毛，腰帶有民族圖樣刺繡，上面掛著動物牙齒和銀飾，帶著孔雀藍的大耳環。

馬上練習

請參考以下項目將今天的穿搭轉為提示詞，生成圖像。

◆ **服飾**

　　上著：描述配色、剪裁、版型和裝飾…等。

　　下著：描述配色、剪裁、版型和裝飾…等。

　　外套：描述配色、剪裁、版型和裝飾…等。

　　配件：項鍊、手鍊、耳環、腰帶、領帶、袖扣，包包和鞋子…等。

◆ **模特兒**

　　年齡：兒童、青年、成人、中年和老年。

　　種族：亞洲、非洲、歐美…等。

　　外觀：膚色、髮色、髮型、身高、身材和五官表情…等。

單元練習

一、店面設計

1. 麵包店設計範例

◆ **Logo 設計**

   提示詞：請設計麵包店的 Logo：巴洛克風格，搭配簡約的麥穗，大地色調素描，極簡，抽象，"BAKERY"。

◆ **海報圖像設計**

   提示詞：設計麵包店海報：張大千彩墨風格，麥穗捆，小女孩與可愛的貓。

◆ 店員制服設計

提示詞：請設計麵包店男女店員的服裝，世界著名設計師風格。

◆ 店面設計

提示詞：設計麵包店建築外觀，維美爾藝術風格與倒牛奶的女人，3D 設計。

◆ **周邊公仔**

提示詞：請設計麵包店 3D 彩色公仔，米勒風格，麥穗捆，一個婦女在麥田蹲下來拾穗，靈感來自米勒的拾穗。

提示詞：設計麵包店 3D 彩色公仔，歐姬芙風格，麥穗捆，百合花，一個優雅微笑女店員拿著麵包。

2. 請參考上述範例，自行發想"法式餐廳"的設計。

二、主題簡報插圖

1. "企業徵才"簡報插圖範例

    提示詞：三個人穿著辦公室服裝的插圖，大家在辦公室用餐。將大塊拼圖拼湊在一起，只有這些顏色：亮黃色、淺灰色、黑色和白色，採用簡約、卡通風格。心情是愉悅而自信的。

    提示詞：三個穿著辦公服裝的人在辦公室，同時正在拼接亮紫色大拼圖，代表合作無間。風格簡約卡通，色彩明亮，氛圍愉悅自信。

2. 請參考以上範例，生成一張關於"企業徵才"主題簡報插圖。

三、海報圖像

1. 相聲海報設計範例

    提示詞：相聲海報主題："我就像小丑一樣過了一生"，傳統歌仔戲丑角的全身肖像，小丑在舞台上笑得彎腰，手持扇子，面具有白鼻子、紅藍彩繪，表情誇張。服飾為綠松石和金色織錦圖案，背景為戲劇舞台全景。

2. 請參考以上範例設計一張舞蹈演出的海報，帶有律動與節奏感。

四、書本封面插畫

1. 書本封面插畫範例

    提示詞：如果戰國時代的歷史像是一群武俠貓咪劍客的對決廝殺。

2. 參考以上範例並嘗試想像，生成一本書名為"貓劍客"小說的封面插畫。

10

藝術風格之應用

套用藝術風格提示詞，不僅僅是為了在圖像生成時精準呈現該風格的特徵，更是藉由提示詞中的主題、元素、物件…等與藝術風格融合搭配，探索並發掘出新的風格與視覺效果。學習每種藝術風格的構成與表現手法，除了提升圖像生成的效率，也能藉由理解藝術表現手法，領會更深層的藝術概念與文化內涵，進而反思圖像生成的創作手法與藝術之間的關聯性，讓圖像生成的目標更明確並附有意義。本章主題的練習，是利用前面章節介紹的平台生成各式圖像，可根據需求或偏好，選擇合適的平台進行練習。

10-1 藝術風格對 AI 繪圖的影響

"AI 藝術風格"指的是 AI 生成圖像的表現形式、技法和手法…等的獨特組合。藝術風格會直接影響圖像整體效果、氛圍、顏色選擇、筆觸效果和細節處理…等。

10-1-1 藝術風格應用範例解析

> 空無一人的街道

- **無藝術風格提示詞**：黃色調，對比強烈，空無一人的街道。(下左圖)

- **有藝術風格提示詞**：奇里訶 Giorgio de Chirico，黃色調，對比強烈，空無一人的街道。(下右圖)

二者差異：

- **無藝術風格**：生成的圖像比較寫實，強調自然的光線和色彩，缺乏創意和情感。

- **有藝術風格**：使用奇里訶、超現實風格，圖像呈現對比強烈的色彩效果，整體畫面更具藝術性氛圍。

> **TIPS** 奇里訶 Giorgio de Chirico

義大利超現實畫家喬治‧德‧奇里訶善於營造令人不安的夢境氣氛，於他的作品中經常見到拉長的深色影子色塊、高大的建築物和人形剪影，使用空間、色調與物體形狀建構出神秘且光怪陸離的畫面。

人物肖像

- **無藝術風格提示詞**：一位微胖且親切的糕點師爺爺，穿著白色廚師服與帽子，站在烘焙廚房內。
- **有藝術風格提示詞**：巴洛克風格，一位微胖且親切的糕點師爺爺，穿著白色廚師服與帽子，站在烘焙廚房內。

二者差異：

- **無藝術風格**：生成的人物圖像比較自然和真實，光線和顏色較為普通，主要強調人物的外觀特徵。
- **有藝術風格**：使用巴洛克風格，人物的表情和細節會更加精緻地呈現出來，顯得更具戲劇性和情感深度，背景細節和裝飾也更華麗和豐富。

TIPS 巴洛克風格

巴洛克風格是起源於 17 世紀早期歐洲的藝術和建築風格，並在 17 世紀末至 18 世紀初達到高峰。這種風格以其戲劇性、奢華和強烈的情感表現為特徵，旨在透過豐富細節、動感構圖和強烈的光影對比來打動觀眾。

> 小孩與狗

- **無藝術風格提示詞**：活潑的亞洲小男孩，雙手輕輕抱著一隻可愛的黃金獵犬幼犬。

- **有藝術風格提示詞**：維美爾風格，活潑的亞洲小男孩，雙手輕輕抱著一隻可愛的黃金獵犬幼犬。

二者差異：

- **無藝術風格**：小孩與狗的顏色和光影處理相對真實，表現出日常生活情景。

- **有藝術風格**：呈現維美爾風格的溫馨場景、維美爾對細節的掌控表現在布料、背景的裝飾細節上，讓每個元素都顯得立體而真實。維美爾的作品以靜謐、安定的場景為主，通常集中描繪人物的日常生活，給人一種溫暖的內省氛圍。

> 總結

透過以上三個實例可以看到，藝術風格對圖像生成有顯著的影響。有無藝術風格提示詞的圖像生成效果完全不同，使用藝術風格可以讓圖像更具創意和視覺吸引力。因此，在生成圖像時，選擇適合的藝術風格提示詞是非常重要的。

馬上練習

一、請依照以下範例提示詞順序生成圖像，藉由練習，了解一張 AI 圖像由簡單至完美的過程。

1. 小白麻雀與狐狸。

2. 日本光琳派風格，金箔，極簡侘寂，小白麻雀與狐狸。

3. 日本光琳派風格，金箔，極簡侘寂，小白麻雀與狐狸正在廣闊的雪地裡追逐玩鬧，周圍是雪白的樹林。

4. 日本光琳派風格，金箔，極簡侘寂，小白麻雀與狐狸正在廣闊的雪地裡追逐玩鬧，周圍是雪白的樹林，遠方有一顆月亮，風元素。

二、延續上題提示詞，練習轉換風格生成圖像。

5. 新古典主義風格，極簡，小白麻雀與狐狸正在廣闊的雪地裡追逐玩鬧，周圍是雪白的樹林，遠方有一顆月亮，風元素。

6. 歌德風格，極簡，小白麻雀與狐狸正在廣闊的雪地裡追逐玩鬧，周圍是雪白的樹林，遠方有一顆月亮，風元素。

7. 秀拉風格，極簡，小白麻雀與狐狸正在廣闊的雪地裡追逐玩鬧，周圍是雪白的樹林，遠方有一顆月亮，風元素。

8. 印象派風格，極簡，小白麻雀與狐狸正在廣闊的雪地裡追逐玩鬧，周圍是雪白的樹林，遠方有一顆月亮，風元素。

10-2 初學者要知道的藝術風格

對於初學者而言，了解基礎的藝術風格不僅能啟發創意，還能在撰寫提示詞時更有方向性。接下來帶你一覽 AI 圖像生成中幾個必要了解的藝術風格。

10-2-1 西方藝術風格

文藝復興風格（Renaissance）

14 世紀至 17 世紀初在歐洲，特別在義大利所興起的藝術、建築和文化運動。

提示詞：文藝復興風格，小女孩在花園與貓嬉戲。

解說：畫面充滿了細節，使用樸實的色彩、細膩自然的光線來突顯小女孩和貓咪。

巴洛克風格（Baroque）

17 世紀至 18 世紀初期在歐洲流行的藝術風格，涵蓋了建築、繪畫、雕塑、音樂…等多個領域。畫作通常具有強烈的光影對比，呈現出豐富的戲劇性。

提示詞：巴洛克風格，小女孩在花園與貓嬉戲。

解說：畫面充滿了細節，使用了戲劇性的光線來突顯小女孩和貓咪。花園華麗而精緻，構圖充滿動感，色彩深沉飽滿，增強了整體的戲劇氛圍。

立體派（Cubism）

立體派是一種打破傳統的繪畫方式，將物體的不同角度展現在同一平面上，以分解的幾何圖形呈現。

提示詞：立體派風格，小女孩在花園與貓嬉戲。

解說：小女孩和貓被分解成幾何圖形，透過角度和切面創造出複雜而層次分明的效果。花園中的植物和花朵也被以同樣的方式處理，整體構圖充滿趣味和吸引力。

印象派（Impressionism）

用明亮的顏色和快速的筆觸來表現光影效果的一種藝術風格。不注重細節，而是捕捉瞬間的視覺印象。

提示詞：印象派風格，小女孩在花園與貓嬉戲。

解說：畫面使用柔和的筆觸捕捉了光影和色彩的變化，整體氛圍夢幻而充滿詩意，展現了小女孩和貓咪在花園中快樂的時光。

超現實主義（Surrealism）

超現實主義融合夢境和現實的表現手法，使畫中景象就像夢境一樣，充滿非現實的組合和幻想色彩。

提示詞：超現實主義，小女孩在花園與貓嬉戲，貓在天上飛。

解說：貓在天空中飛翔。花園中鮮花盛開，整個場景洋溢著夢幻與奇幻的氛圍。貓咪在女孩的上方飛翔，表情愉快色彩鮮豔明亮，畫面富有童趣且充滿超現實感。

波普藝術（Pop Art）

又稱普普藝術，以明亮、鮮豔的顏色和簡單的形狀表現流行文化的藝術風格。這種風格常以漫畫、廣告和名人形象作為主題。

提示詞：波普藝術，小女孩在花園與貓嬉戲。

解說：畫面充滿了明亮、飽和的色彩，深色線條勾勒出人物和背景的輪廓。整個畫面充滿了活力和趣味，表現波普藝術獨特的視覺效果。女孩和貓咪以誇張且富有趣味的方式呈現，背景中的花卉和植物也極具風格，增強了整體的視覺表現。

10-2-2 東方藝術風格

> 浮世繪

起源於日本江戶時代（17 世紀至 19 世紀）的版畫風格，以其鮮明的色彩、簡潔的線條以及扁平的表現。這種藝術形式多表現江戶時代的市井生活和審美趣味。

提示詞：浮世繪風格，小女孩在花園與貓嬉戲。

解說：小女孩和貓咪的形象簡單而富有表現力，背景簡化成優雅的圖案，與浮世繪風格的傳統美學相符。

> 中國水墨

中國傳統繪畫形式，始於唐代並在宋代達到頂峰，水墨畫使用毛筆、墨汁和宣紙，透過水和墨的比例來控制色調和濃淡。強調"以形寫神"，重視意境的表達而非精確的描繪。

提示詞：中國水墨風格，小女孩在花園與貓嬉戲。

解說：這幅黑白水墨風格圖像展示小女孩在花園中與貓嬉戲的場景。畫面使用細膩筆觸呈現簡約與優雅。強調"以形寫神"，重視意境的表達而非精確的描繪。

10-11

馬上練習

套用常玉藝術風格：簡化範例提示詞，自行更換主題生成圖像。

1. 常玉藝術風格，色彩以粉紅、白色與黑色為主，呈現優雅的抽象美感。運用粗黑線條勾勒出女性背脊的婀娜，線條簡潔流暢，一筆到底，呈現出中國傳統書畫的韻味。畫面融合油彩的柔和質感。背景以淡雅的色調和留白為主，營造出詩意與靜謐的氛圍，讓畫面充滿東方韻味與現代藝術的抽象美感。畫中女性的姿態含蓄婉約，宛如回眸一笑百媚生，傳遞出豐富而深邃的情感。

2. 常玉風格，筆觸簡約和極簡線條藝術。極簡抽像、佗寂、禪意，花道、茶道、淡彩淺染、留白留空，一位穿著短板薄紗上衣與沙龍裙的優雅女子手捧一本書，低頭沈思，背景抽象淺色塊。

3. 常玉藝術風格，色彩以淡粉紅、白色與黑色為主，呈現優雅的侘極、極簡、禪意的抽象美感。童畫，未完成，運用極潦草渲染簡約粗中細黑線條勾勒出花瓶與小花的婀娜，線條簡潔流暢，一筆到底，呈現出中國傳統書畫的韻味。畫面融合油彩的柔和質感。背景以淡雅的色調和留白為主，營造出詩意與靜謐的氛圍，讓畫面充滿東方韻味與現代藝術的抽象美感，畫中花瓶與小花的姿態含蓄婉約，傳遞出豐富而深邃的情感。

4. 常玉藝術風格，色彩以淡粉紅、白色與黑色為主，呈現優雅的抽象美感。運用粗黑線條勾勒出多彩六隻小貓咪的正面，線條簡潔流暢，一筆到底，呈現出中國傳統書畫的韻味，畫面融合油彩的柔和質感。背景以淡雅的色調和留白為主，營造出詩意與靜謐的氛圍，讓畫面充滿東方韻味與現代藝術的抽象美感。畫中眾小貓咪與小花的姿態含蓄婉約，傳遞出豐富而深邃的情感。

10-3 初學者要知道的藝術家

對於初學者而言，了解藝術家作品能啟發圖像生成時的創意。接下來將帶你一覽 AI 圖像生成中必須知道的幾位藝術家及其風格，讓創作更加豐富與多元。

10-3-1 認識世界著名藝術家有哪些幫助？

認識世界知名藝術家能夠為 AI 圖像生成初學者提供豐富的靈感和實用的技術指導，幫助他們在創作過程中更加自信和多樣化。

- **風格啟發**：了解不同藝術家的風格和技巧，能夠激發創作靈感。初學者可以從這些藝術家獨特的風格中獲得靈感，嘗試不同的創作方式，從而塑造自己的風格。

- **技術提升**：透過研究藝術大師的作品，初學者可以學習到色彩運用、構圖、光影處理…等技巧，這些技術對於提升生成視覺效果非常重要。

- **文化理解**：了解藝術史和藝術風格，有助於初學者更好地理解作品背後的文化及意義，進而創作出具有深度和內涵的作品。

- **審美提升**：認識並欣賞藝術家的作品，有助於提升個人的審美能力，對於創作具有視覺吸引力的作品至關重要。

▲ 以上三圖自左至右，分別套用克林姆的《吻》、梵谷的《星夜》系列以及莫內的《睡蓮》系列。

10-3-2 AI 圖像生成初學者首先要認識的著名藝術家

梵谷（梵高 Vincent van Gogh）

藝術運動：後印象派

代表作：星夜、向日葵

學習重點：梵谷的作品以強烈色彩、情感表達和獨特筆觸聞名。學習梵谷有助於理解如何透過色彩和筆觸來表達內心情感。

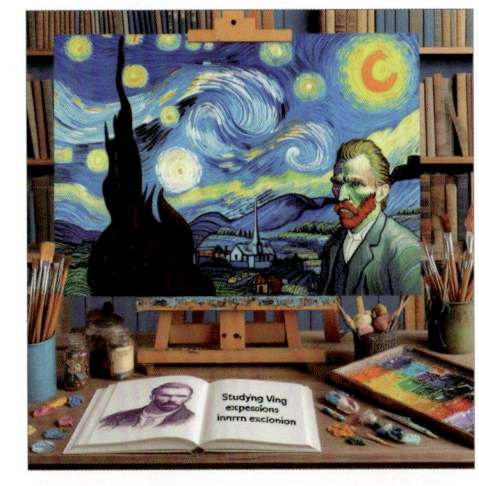

莫內（莫奈 Claude Monet）

藝術運動：印象派

代表作：睡蓮、日出·印象

學習重點：莫內擅長捕捉自然光線的瞬間變化，這對 AI 繪圖中的光影處理非常有幫助。

畢卡索（畢加索 Pablo Picasso）

藝術運動：立體派

代表作：亞維儂的少女、格爾尼卡

學習重點：學習畢卡索的代表性構圖和多視角表現手法，是理解抽象藝術的重要方式。

達文西（達芬奇 Leonardo da Vinci）

文化運動：文藝復興

代表作：蒙娜麗莎、最後的晚餐

學習重點：達文西在解剖學和透視法上的成就，對寫實藝術和精確構圖非常重要。

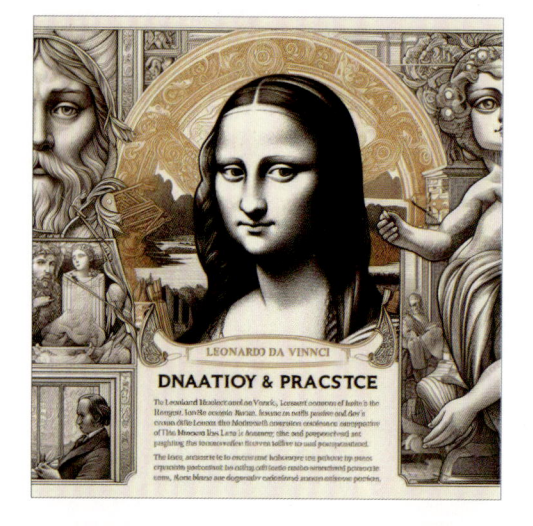

慕夏（Alphonse Mucha）

藝術運動：新藝術（Art Nouveau）

代表作：一系列裝飾海報，如：四季。

學習重點：慕夏的作品融合藝術性、裝飾性和實用性，對學習如何將藝術應用於設計非常有幫助。

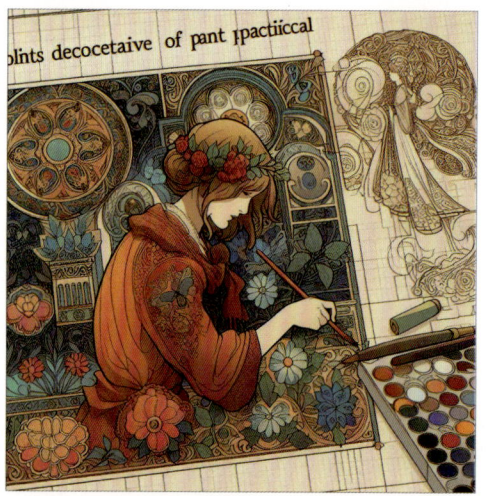

葛飾北齋（Katsushika Hokusai）

藝術流派：浮世繪

代表作：神奈川沖浪裏

學習重點：葛飾北齋的線條、色彩和構圖技法對東亞藝術具有深遠影響，尤其適合學習簡潔地表現動感和力量。

雷諾瓦（雷諾阿 Pierre-Auguste Renoir）

藝術運動：印象派

代表作：煎餅磨坊的舞會、女人與貓

學習重點：作品特別注重光影效果和色彩的溫暖感。可以幫助理解如何透過色彩和光線來表達情感和氛圍。

維梅爾（Johannes Vermeer）

藝術風格：荷蘭黃金時代繪畫

代表作：戴珍珠耳環的少女、倒牛奶的女僕

學習重點：作品強調光線的和日常細節的表現，能掌握光影和氛圍營造。

歐姬芙（Georgia O'Keeffe）

藝術流派：現代主義

代表作：紅罌粟花、曼陀羅花 / 白色花朵第一號

學習重點：透過抽象表現和鮮豔的色彩來傳達自然的力量與美感，特別是對自然細節與形態的細膩刻畫。

克林姆（克林姆特 Gustav Klimt）

藝術運動：象徵主義與新藝術（Art Nouveau）

代表作：吻

學習重點：作品結合華麗的裝飾元素與深刻的象徵主題，幫助理解如何運用象徵主義來表達複雜的情感和思想。

達利（Salvador Dalí）

藝術運動：超現實主義

代表作：記憶的永恆、納爾西斯的變形

學習重點：作品以極端的細節和變形物體聞名，學習他的技巧有助於理解如何透過畫面表達潛意識和夢境，在現實與幻想間創造張力。

張大千

代表作：長江萬里圖、潑彩山水

學習重點：作品展示了傳統與現代的完美結合，將中國傳統水墨畫與西方現代藝術跨領域交流與對話。

10-3-3 黑白水墨風格要如何變成彩色的？

張大千是中國著名的水墨畫家，作品以水墨為主要創作媒材，運用彩色技法，創造出極具個人特色的風格。將張大千的水墨風格轉變為彩色時，可以考慮兩種方式：**淡彩水墨風格** 和 **彩色水墨風格**；這兩者在圖像生成效果上有很大的不同。

提示詞：張大千水墨風格，荷花。

◆ **淡彩水墨風格**：在張大千水墨畫風格的基礎上，加入少量顏色。這種風格保留了水墨的寧靜與淡雅，但透過加入淡彩，使畫面更加柔和，增加了細膩的色彩層次，而不會過於鮮豔。

◆ **水彩水墨風格**：在張大千水墨畫風格的基礎上，使用鮮豔的顏色描繪，創造彩色視覺效果。這種風格顏色豐富，畫面生動，有時甚至會覆蓋掉部分水墨暈染的模糊痕跡，讓整體效果更為華麗和充滿張力。

提示詞：張大千淡彩水墨風格，荷花。

提示詞：張大千水彩水墨風格，荷花。

> **TIPS** 極簡、抽象、霧濃

將張大千水墨畫風格改為婉若仙境般飄逸的水墨畫,於提示詞加上"極簡、抽象、霧濃"。

> **極簡主義**:一種藝術風格和設計概念,強調"少即是多"。用於提示詞可化繁為簡,減少背景或其餘複雜的細節,留下主題元素,讓畫面顯得更加簡潔,易於理解並富有現代感。

> **抽象主義**:一種藝術風格,不過於精確的描繪現實中的物體細節或景象,而是使用形狀、顏色、線條和紋理…等來描繪事物、景色,進而傳達情感、想法或概念。

> **霧濃**:使用此題示詞會使畫面看起來霧氣濃厚,物體輪廓模糊、不清晰,好像被一層白色的煙霧籠罩著,適合增強整體氛圍。

▲ 提示詞:張大千淡彩水墨風格,極簡、抽象、霧濃,荷花。

馬上練習

請依照下列提示詞，自行練習圖像生成！

1. 維美爾藝術風格，一位亞洲美少女在荷蘭風車前跳街舞，美少女騰空躍起，背景模糊。

2. 張大千淡彩水墨藝術插畫，一位古典優雅青春美少女。

10-4 特殊藝術風格生成技巧

AI 工具對特定藝術家、未收集數據的藝術風格，無法以簡短的提示詞重現相似視覺風格，可以加上藝術風格詳細描述或藝術家的特性帶入生成圖像。

10-4-1 日本畫家風格

簡短描述

提示詞：東山魁夷風格，一位穿著和服的女子和一隻小狗在竹林間散步。

內容分析：簡單直接，描述風格為："東山魁夷的日本畫"，主題為："和服女子與小狗竹林散步"，僅提供主題和場景的概略指引，生成結果偏向基本場景設置，缺乏東山魁夷畫風特徵（如：平面性、空間感、柔和光影）。重點集中在角色與場景，可能失去藝術風格的深度或細膩情調。

特色：適合初學者，幫助他們快速熟悉基礎提示詞的運用，結果更偏向敘述性插圖，易於理解但藝術氛圍不夠強烈。

詳細描述

提示詞：東山魁夷風格，以寫實的眼光捕捉日本情調之美，使日本畫在保持平面性的同時，增強了畫面的空間感。春天京都嵐山渡月橋的綠色竹林優美風光，一位穿著和服的女子和一隻小狗在竹林間散步，呈現溫柔而傳統的日式氛圍。

內容分析：詳細描述東山魁夷風格特點，例如："寫實眼光"、"平面性"、"增強空間感"，並具體指定了春天京都嵐山渡月橋的竹林場景。強調了畫面的溫柔與傳統日式氛圍，具有細膩的情感與藝術表現目標。

能更準確地生成帶有東山魁夷風格特徵的作品，例如：細膩的光影、空間層次和優雅情調⋯等。畫面更有深度，且更能傳達日式藝術的寧靜之美。

特色：適合進階生圖，有助於探索提示詞如何影響風格與細節呈現。富有藝術性和情感表現，適合創作主題更加精確的場景。生成時間可能稍長，且對 AI 模型理解能力要求較高。

10-4-2 壁畫風格

簡短描述

提示詞：拉斯科洞窟壁畫《公牛》壁畫藝術風格，一位可愛的小女孩和一隻小貓咪，背景是草地上花兒開。

內容分析：簡潔明瞭，主要描述了一位可愛的小女孩和一隻小貓咪，以及背景元素。不強調具體的繪畫技法或細節，只提供關鍵詞來定義風格與角色。

生成內容會偏向「童趣」與「情節性」，而非強調繪畫技術或藝術特徵。

特色：適合讓初學者理解風格與情節的結合，而不會過度專注於技術層面。容易得到情感化、可愛的作品，但對藝術風格的準確表現有所欠缺。

> **TIPS 拉斯科洞窟壁畫**
>
> 1940 年在法國西南部的拉斯科 (Lascaux) 發現了一個山壁上留有大量壁畫的地下洞穴，這個洞穴被稱為"公牛大廳"。這幅表現公牛的作品氣勢恢宏，長度近 5 公尺，是拉斯科最著名的繪畫之一。公牛的細節和強大姿態展現史前藝術家的才華。

* 圖片取材自維基百科：https://partoutatix.com.cn/autres-villes-zh/%E6%8B%89%E6%96%AF%E7%A7%91%E6%B4%9E%E7%AA%9F%EF%BC%9A%E5%A4%9A%E5%B0%94%E5%A4%9A%E6%B6%85%E7%9A%84%E5%8F%B2%E5%89%8D%E8%A7%81%E8%AF%81/

> 詳細描述

提示詞：拉斯科洞窟壁畫藝術風格，用粗獷有力的黑色線條表現動物的形態特徵，並用黑、紅、褐色渲染出體積結構，形象地表現出動物奔跑時的生命。一位可愛的小女孩和一隻小貓咪，背景是草地上花兒開。

內容分析：更詳細地描述了拉斯科洞窟壁畫的特徵，包括"粗獷有力的黑色線條"、"黑、紅、褐色的色彩運用"…等，增加了風格的技術層面細節；更具藝術風格的準確性，生成的畫面會呈現拉斯科壁畫的視覺特徵，例如：動感強烈、色調單純、線條大膽…等。

特色：適合進階學習者，在圖像生成時，深刻理解藝術風格的細節與表現方式。作品的藝術性更強，但減少了"童趣"的表現，適合偏向風格研究的教學目標。

> 🧊 **馬上練習**

自由更換〔〕內的文字，生成更有創意的圖像，格式如下：

〔藝術家名字〕藝術風格，〔主題〕，〔氛圍〕。

1. 〔宮崎駿〕藝術風格，〔勇敢的少年飛在天空中航行的海盜船上方〕，〔冒險、自由〕。
2. 〔新海誠〕藝術風格，〔雨中撐傘的少年少女〕，〔細膩、感性〕。

3. 〔奈良美智〕藝術風格，〔拿著氣球的小女孩〕，〔可愛、單純〕。
4. 〔梵谷〕藝術風格，〔向日葵田裡的貓咪〕，〔溫暖、快樂〕。
5. 〔莫內〕藝術風格，〔湖邊的小舟〕，〔寧靜、晨霧〕。
6. 〔畢卡索〕藝術風格，〔街角的音樂家〕，〔抽象、動感〕。
7. 〔達利〕藝術風格，〔熔化的時鐘在沙漠中〕，〔超現實、神秘〕。

10-5 藝術風格助力視覺表現

生成圖像時，除了圖像內容描繪能力，最難呈現的是圖像的神韻、筆法，必須藉由藝術風格輔助生成。

10-5-1 從內容描繪到意境傳達

同樣的主題，在克林姆的華麗精緻與彩墨的侘寂禪意間展現獨特美感。

提示詞：克林姆風格，展現了一位優雅文質彬彬書卷味濃厚的高挑女性，她穿著華麗的綠色禮服，禮服上有精美的馬賽克花卉圖案細節。背景以深藍抽象設計襯托女性的氣質，整體氛圍充滿裝飾藝術的高雅與唯美，突顯細緻的設計和豐富的藝術感。比例為 9:16。(下左圖)

提示詞：彩墨風格，融合侘寂禪意極簡抽象，展現了一位優雅文質彬彬泯嘴淺微笑的女性，手拿一卷古書，身穿華麗綠色禮服，禮服上有素雅的渲染荷花花卉圖案，背景以金色抽象設計突顯氣質，表現出極具裝飾藝術感的唯美與細膩。比例為 9:16。(下右圖)

10-5-2 情境轉換

透過情境轉換與風格變化，改變圖像氛圍，創造獨特的視覺敘事體驗。

提示詞：現代極簡風格，全白燈塔，純色背景，簡約無細節的線條構圖，整體極簡幾何風格，無過多裝飾，強調極致設計感與視覺平衡。(下左圖)

提示詞：水彩印象派風格，夕陽映照海面，一座燈塔屹立在懸崖邊，溫暖的水彩筆觸模糊邊界，空氣中瀰漫柔和光影，浪漫詩意。(下右圖)

10-5-3 現代與未來科幻的交織

當現代的溫馨童話與未來的科幻世界交織，呈現出充滿想像力的視覺對比。唯有不斷翻轉思維，才能創造出令人驚嘆的作品。

提示詞：夢幻插畫藝術，一位穿著格子衣服和綠色圍巾的小孩，依偎在一隻蜷縮的大粉彩藍貓身旁，充滿活力的黃色抽象背景，油畫質感，厚塗技法，柔和溫柔的藝術風格，兒童故事書溫馨美學，繪畫筆觸，舒適溫柔氛圍。

提示詞：寫意科幻風格插畫，畫面中，一隻巨大的白色機械熊由金屬與機械裝置構成，低頭平靜注視下方。右下是一位穿灰色戰鬥服的女性，懷中抱著小熊貓。背景為積雪、冰塊和冰山的寒冷自然環境，天空有厚重雲層。搭配淺綠至橙色漸層抽象圓形與小花點綴，營造溫馨童趣氛圍。

> 馬上練習

請參考範例圖像，自由更換〔〕內的文字，生成更有創意的圖像，格式如下：〔藝術家名字〕藝術風格，〔主題〕。

1. 〔莫內〕藝術風格，〔美少女與貓〕。
2. 〔雷諾瓦〕藝術風格，〔美少女與貓〕。

3. 〔歐姬芙〕藝術風格，〔美少女與貓〕。
4. 〔畢卡索〕藝術風格，〔美少女與貓〕。

5. 〔維美爾〕藝術風格,〔美少女與貓〕。
6. 〔梵谷〕藝術風格,〔美少女與貓〕。

7. 〔慕夏〕藝術風格,〔美少女與貓〕。
8. 〔達利〕藝術風格,〔美少女與貓〕。

9. 〔克林姆〕藝術風格，〔美少女與貓〕。

10. 〔達文西〕藝術風格，〔美少女與貓〕。

11. 〔葛飾北齋〕藝術風格，〔美少女與貓〕。

12. 〔林風眠水墨〕藝術風格，〔美少女與貓〕。

10-6 藝術風格合併使用技巧

透過局部彩色與黑白的巧妙融合，展現多元藝術風格，使創作更具靈活性，輕鬆營造豐富的視覺層次與獨特美感。

10-6-1 合併西方藝術運動與水墨畫家風格

於 ChatGPT 進行範例操作：

提示詞：一個立體變形風格的彩色機器人，和一位張大千彩墨風格穿著典雅古裝的可愛小女生，手牽手雙腳舞動面對面跳著街舞，整體呈現古今融合的衝突美感。（下左圖）

提示詞：一個立體變形風格的彩色機器人，和一位張大千黑白水墨風格穿著典雅古裝的可愛小女生，手牽手雙腳舞動面對面在跳著街舞，整體呈現古今融合的衝突美感。（下右圖）

10-6-2 合併現代主義畫家與水墨畫家風格

於 Designer、Bing 進行範例操作：

提示詞：一個畢卡索立體變形風格的彩色機器人鋼彈，和一位張大千彩墨風格穿著典雅古裝的可愛小女生，手牽手雙腳舞動面對面在跳著街舞，整體呈現古今融合的衝突美感。

提示詞：一個畢卡索立體變形風格的彩色機器人鋼彈，和一位張大千黑白水墨風格穿著典雅中國古裝的可愛小女生，手牽手雙腳舞動，面對面手足舞蹈跳著街舞，整體呈現古今融合的衝突美感。

10-6-3 合併多個藝術風格

最後，以一段提示詞結合以下四種不同的藝術風格：

提示詞：一個畢卡索全身彩色立體變形風格的日本機動戰士鋼彈（Gundam Series），和一位張大千全身黑白水墨風格穿著典雅古裝的可愛小女生，手牽手雙腳舞動面對面跳著街舞，站立在梵谷星夜廣場下，廣場地面草間彌生以許多紅點和有色圓點裝飾風格的廣場上非常引人注目，整體呈現古今融合的衝突美感，線條非常清晰。

包括四種的藝術風格：

1. 畢卡索全身彩色立體變形風格的機動戰士鋼彈。

2. 張大千全身黑白水墨風格穿著典雅古裝的可愛小女生。

3. 梵谷作品："星夜"。

4. 草間彌生藝術風格：紅點地面。

> 馬上練習

參考以下提示詞,自行練習合併風格圖像生成!

1. **歐姬芙**風格的巨大花朵,異想天開,超魔幻,巫師騎著獨角獸,和一隻頑皮貓在**巴洛克**風格的動態色彩飛濺中嬉戲,奇珍異獸也一起飛上天空,加入一些**超現實**元素作為背景,16:9。

2. 針筆畫,**張大千**彩墨,台灣民間藝術,動作繪畫,酒精墨水,氣韻生動,寫意。異想天開,**超寫實**,生成一幅充滿東方文化元素的插畫,陽光普照,一個綁馬尾的優雅女孩,穿著紅色的衣服,舞著一條色彩鮮艷的飛天龍,龍的身體蜿蜒盤旋。後面跟著一群穿著傳統服飾的小孩子。畫面使用豐富的色彩和誇張的線條,具有過年般的氛圍。新年熱鬧氛圍,金元素,風元素,火元素,16:9。

單元練習

參考以下合併藝術風格範例，自行發想主題並生成圖像。

1. 展現了充滿童話氛圍的場景，一名**維美爾**風格的老人和小女孩坐在綠色的長椅上，周圍環繞著異想天開魔幻風格的蝴蝶滿天飛，與旁邊一隻奇幻色彩纏繞畫的狗互動，狗的身體由鮮艷的花朵和葉片構成，活潑跳躍，夢幻且充滿生機的感覺。背景是柔和的**克林姆**金色符號森林公園，光線明亮溫暖。

2. **塞尚油畫厚塗**的富士山下，一位**維美爾**風格套上普魯士藍頭巾的荷蘭戴珍珠耳環少女，和一位威廉蘭姆頓穿著紅色天鵝絨套裝的紅衣男孩坐在長椅上賞景，背景是**浮世繪**神奈川沖浪裏之浪花湖面，天鵝漂浮在湖面上，**草間彌生**紅點櫻花樹幹輕飄紅點花瓣，氛圍浪漫愉悅。金元素，光元素，16:9。

10-37

3. **克林姆**唯美插畫風格，描繪一位穿著愛爾蘭拼布圖案長袍的優雅女子，背景為深邃夜空，點綴**歐姬芙**花卉與植物。女子髮型整齊，手持橙色花朵，衣物帶有多色拼布和細膩花紋，呈現織物質感。畫風細膩，色彩柔和，營造出詩意與典雅的氛圍。金元素，光元素。

4. 侘寂、**抽象**、**極簡**、禪意、**渲染水墨**，描繪一位穿著愛爾蘭拼布圖案長袍的優雅女子，背景為深邃夜空，女子髮型整齊，手持**歐姬芙**橙色花朵，衣物帶有多色拼布和細膩花紋，呈現織物質感。畫風細膩，色彩柔和，營造出詩意與典雅的氛圍。金元素，光元素。

11

揭開 Sora AI 影片創作的魔法

許多藝術家、電影製作人與動畫師…等，都開始使用 Sora 為影片創造前所未有的效果與藝術性。Sora 不僅有強大的特效、迴圈 (Loop)、混合 (Blend)…等功能，還能使用故事板 (Story Board) 編排時間軸與分鏡，讓劇情預覽更快速、更完整。Sora 的 AI 影片生成方式無疑會與現有的影像創作方式碰撞出新火花，將影像創作領域向前推進一大步。

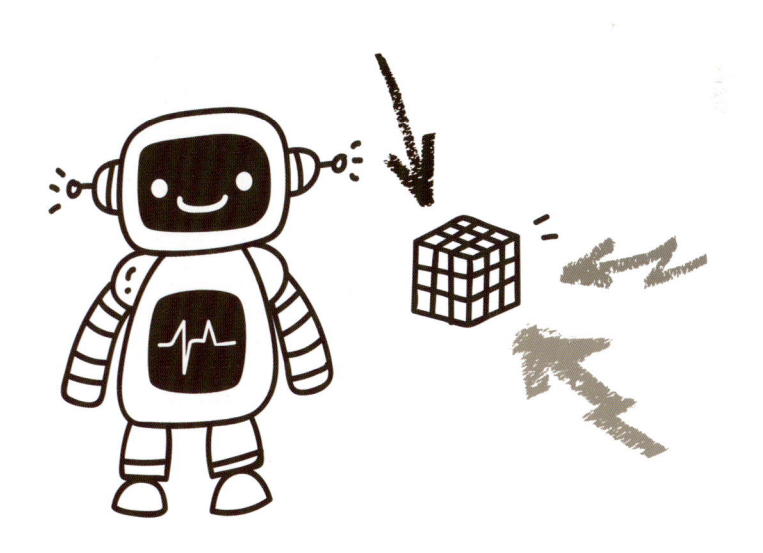

11-1 認識 Sora

Sora 的文字生成影片功能方便又快速，不需花費大量時間學習影片拍攝技能。其中還能加入各種特效讓影片更專業、更有吸引力，為影像世界揭開視覺饗宴的序曲。

11-1-1 Sora 是什麼？

Sora 是一款由 OpenAI 開發的 AI 影片生成工具，Sora 是日文"天空"的意思，展現出無限創造力。使用簡單提示詞即可生成高品質的影片，上傳圖像或照片也能快速製作成動圖或簡短影片；使用內建的影片效果：氣球世界、定格動畫、黑白電影⋯等，變更呈現效果，簡單好上手，無論是新手、藝術家還是專業的影片製作者，都能使用 Sora 創造前所未有的創意效果。

11-1-2 Sora 影片生成特點

應用優勢

- **中文、英文提示詞生成**：可使用中文與英文提示詞，簡短或詳細描述皆能生成影片。
- **上傳圖像或影片生成**：可上傳靜態圖像生成影片，或上傳影片輸入欲更改的提示詞，重新生成新的影片。
- **故事板規劃劇情**：Storyboard 也稱故事板，用提示詞安排影片時間軸的呈現，能快速完成劇情與分鏡的雛型。
- **無縫銜接迴圈**：將影片頭尾相連，製作無縫銜接、循環播放的影片。
- **混合影片效果**：將兩部影片流暢融合的功能，能製造出令人眼前一亮的視覺效果，幫助創意發想。

生成限制

- **付費版本**：Sora 目前僅開放 ChatGPT 付費帳戶使用，分為 ChatGPT Plus 與 ChatGPT Pro 版本。
- **數量限制**：Plus 版本每個月最多生成 50 部影片；Pro 版本為 500 部影片。
- **影片長度**：Plus 版生成影片最長 10 秒，無法進行較長的劇情安排；Pro 版本為 20 秒。
- **艱深詞彙**：雖然 Sora 正飛速進步，但目前若使用過於艱深的中文詞彙生成影片，可能使生成物件重複跳動、呈現非常規的運鏡方式或生成超自然生物⋯等，建議避免使用成語或過於詩意的表達方式⋯等，以更精準地達成預期的結果。(專業用語或艱深詞彙，使用英文提示詞效果較佳。)

11-2 開始使用 Sora

使用 Sora 前,先了解進入方式、介面和各項功能位置。

11-2-1 進入 Sora

1. 於瀏覽器網址列輸入:「https://sora.com/」,進入 Sora,右上角點選 **Log in** 鈕。

2. 需以付費帳號登入才能使用 Sora,在此示範點選 **使用 Google 帳戶繼續**。

3. 輸入帳號後點選 **下一步** 鈕,輸入密碼後點選 **下一步** 鈕,即完成 Sora 登入。

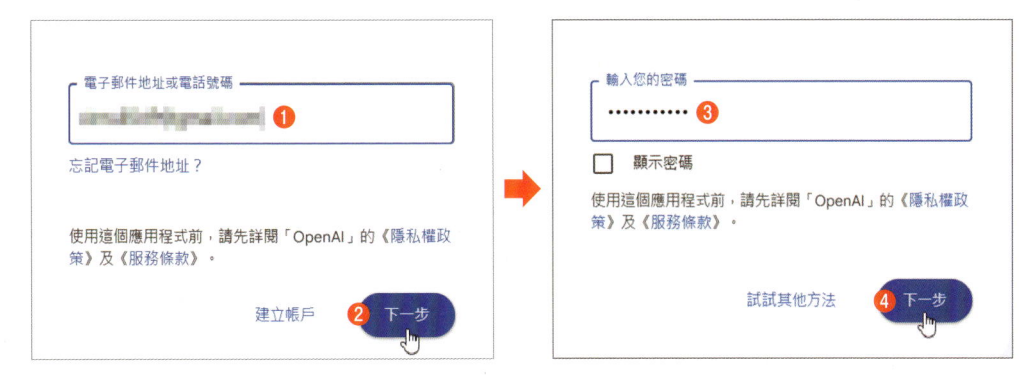

11-2-2 Sora 畫面認識

進入 Sora 後，預設為英文介面，於畫面空白處按一下滑鼠右鍵，於選單點選 **翻譯成中文 (繁體)**，可將英文介面改為中文。(後續操作應用以中文介面示範並說明，若操作時產生無法執行的訊息，則建議回到英文介面操作。)

首頁探索畫面

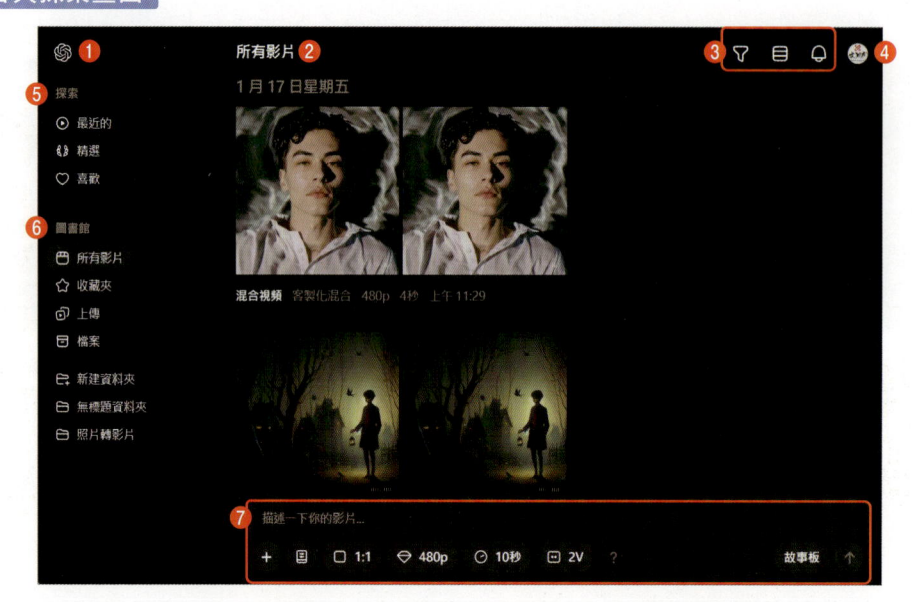

① 進入圖書館 \ 所有影片　② 影片生成顯示區　③ 篩選、佈局、活動
④ 帳號、設定相關管理　⑤ 探索、精選與管理　⑥ 影片生成管理　⑦ 提示詞輸入欄

- **篩選、佈局、活動**：點選 依照提示詞、故事板…等不同製作方式篩選生成的影片；點選 可選擇生成影片的排列與展示方式；點選 展開生成紀錄，點選欲察看的影片開啟檢視。

- **帳號管理**：帳號設定、幫助、訂閱計畫和帳號登出…等功能。

- **探索範本與管理**：點選 **最近的** 與 **精選** 會顯示其他用戶生成的影片範本，滑鼠指標移至欲儲存的影片上，點選 以提示詞調整影片呈現效果；點選 尋找類似影片；點選 將影片儲存於 **喜歡**。點選影片查看生成影片的提示詞、故事板與更多編輯功能。

- **生成影片管理**：生成的影片會儲存於 **所有影片** 中，將滑鼠指標移至影片右上角，點選 \ **最喜歡的** 即可將影片儲存於 **收藏夾**；所有上傳的圖像及影片皆會儲存於 **上傳**。

- **提示詞輸入欄**：輸入提示詞，並設定影片風格、尺寸、長度、生成數量後，滑鼠指標移至 上會計算該次生成影片將花費的點數；點選 可上傳附加圖片或影片檔案生成影片；點選 **故事板** 進入設計區，使用提示詞安排劇情走向。

11-3 新手操作

Sora 不僅能使用提示詞生成影片，還能上傳照片或圖像生成有趣的影片；利用故事板自動生成的提示詞能調整劇情發展，快速完成影片創作。

11-3-1 藉由提示詞與照片生成影片

1. 於提示詞輸入欄點選 ➕ \ 🖼 **上傳圖片或視頻**，選擇所需的照片。
2. 於提示詞輸入欄輸入以下提示詞：「貓在打呵欠」，並設定畫面比例：1:1、畫質：720p、長度：5秒、生成影片數量：2，送出生成影片。

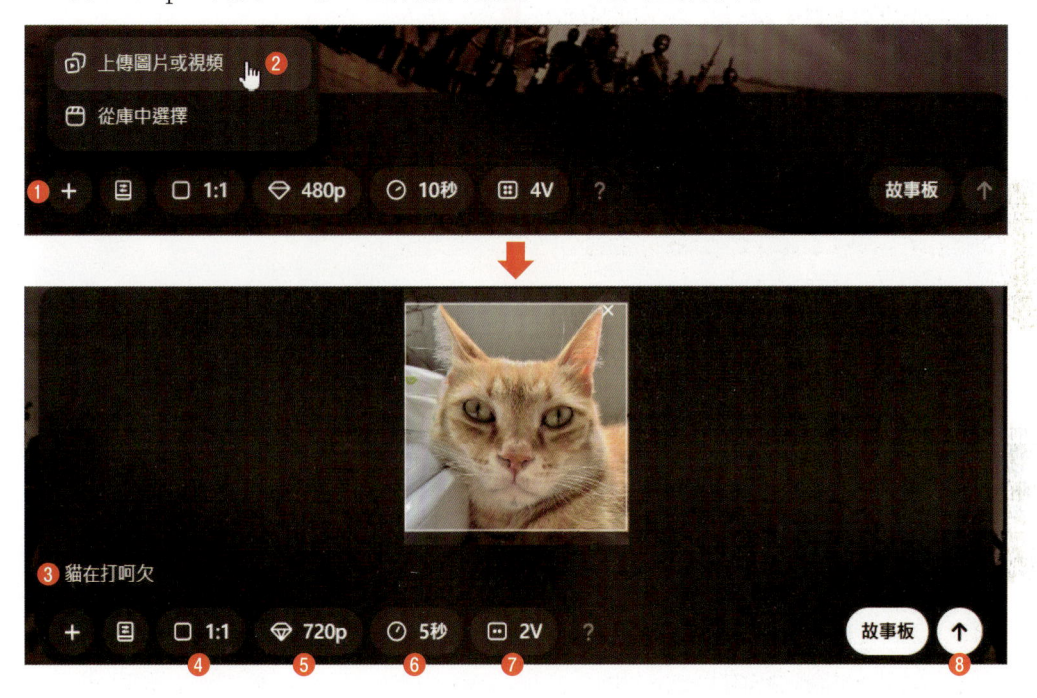

3. 影片生成完成後，會於右上角出現訊息通知。畫面左上角點選 ◉ 進入 **圖書館**，生成的影片會顯示於 🎞 **所有影片**，滑鼠指標移至影片上方可預覽影片效果。

11-5

11-3-2 用故事板規劃劇情走向

1. 提示詞輸入欄點選 **故事板**，於提示詞輸入欄 (1) 輸入以下提示詞（初次使用會顯示簡介，點選 **使用故事板** 鈕繼續）：「一名皮膚白皙的英俊年輕男子，穿著白襯衫，漂浮在水面上，面朝上，臉上帶有水珠，長長的睫毛，黑色捲髮，目光直視前方，五官輪廓分明。」

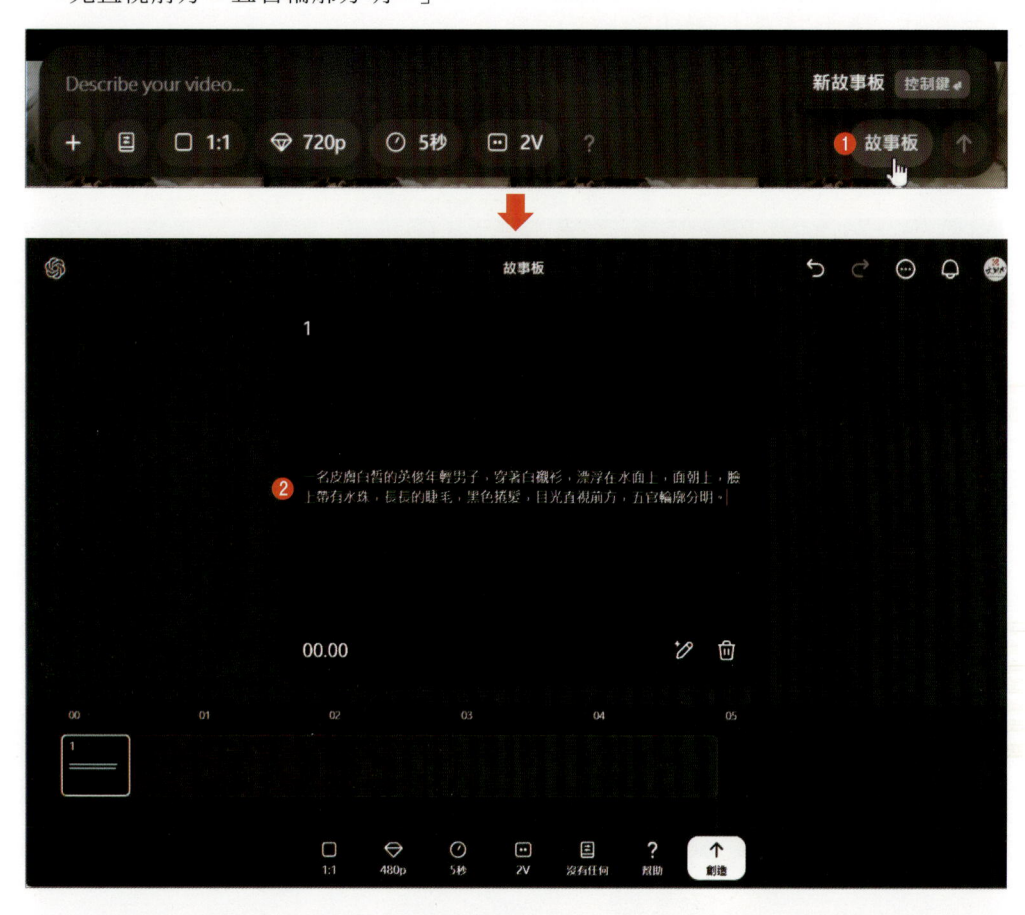

2. 於時間軸上如圖位置，按一下滑鼠左鍵，新增一個提示詞輸入欄。

3. 於提示詞輸入欄 (2) 輸入以下提示詞：「臉上的水珠滑落水中，年輕男子輕輕眨了一下眼睛。」。

4. 設定畫面比例：1:1、畫質：480p、長度：5 秒、生成影片數量：2，送出生成影片。

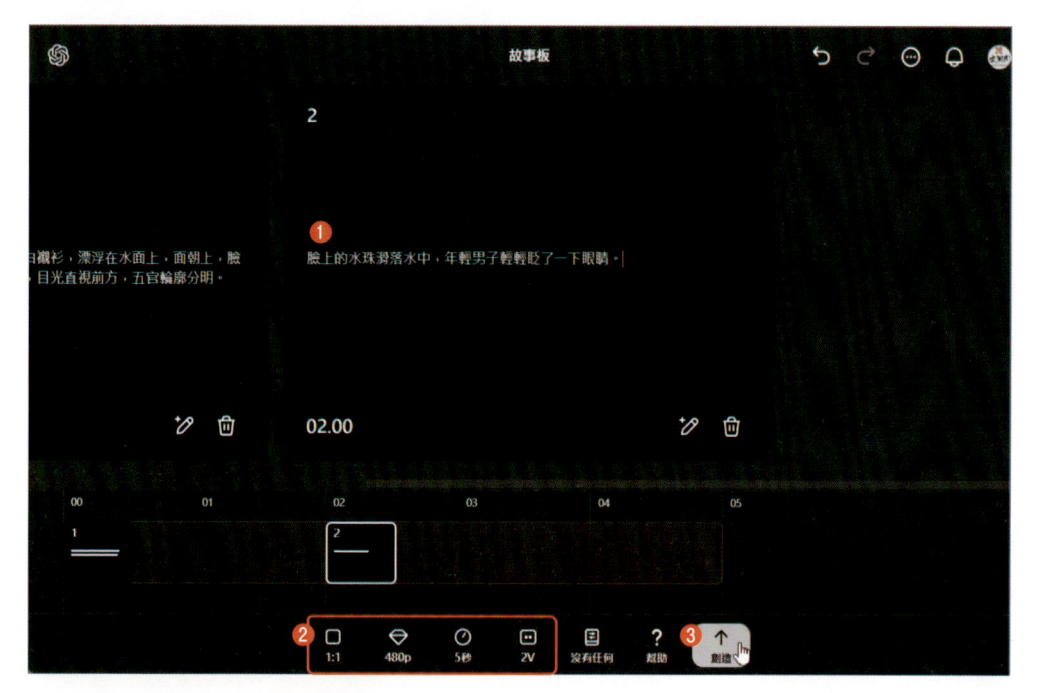

5. 影片生成完成後，會於右上角出現訊息通知。畫面左上角點選 ⬢ 進入 **圖書館**，生成的影片會顯示於 ▦ **所有影片**，滑鼠指標移至影片上方可預覽影片效果。

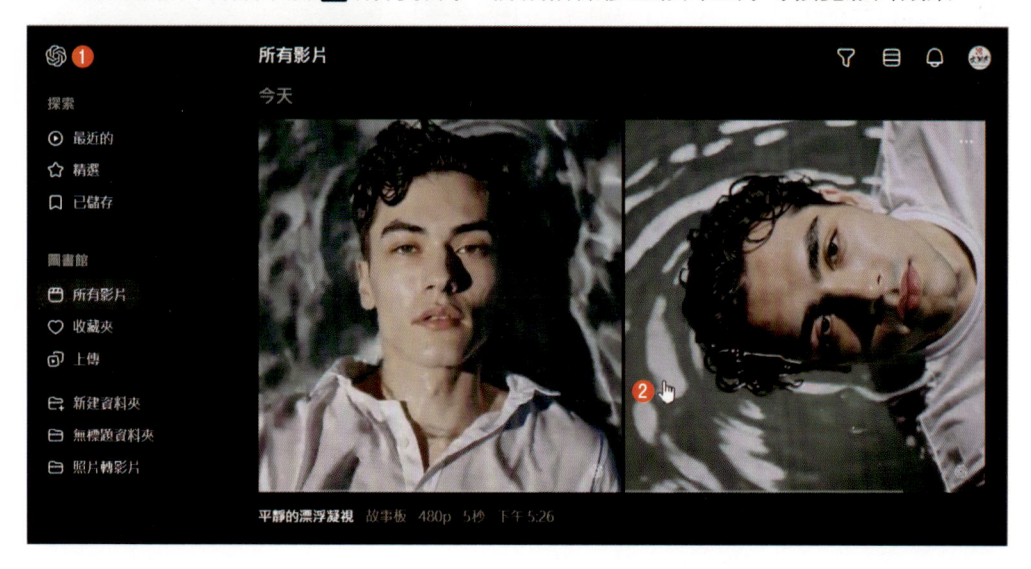

11-3-3 上傳圖像於故事板生成影片提示詞

1. 提示詞輸入欄點選 **故事板**。

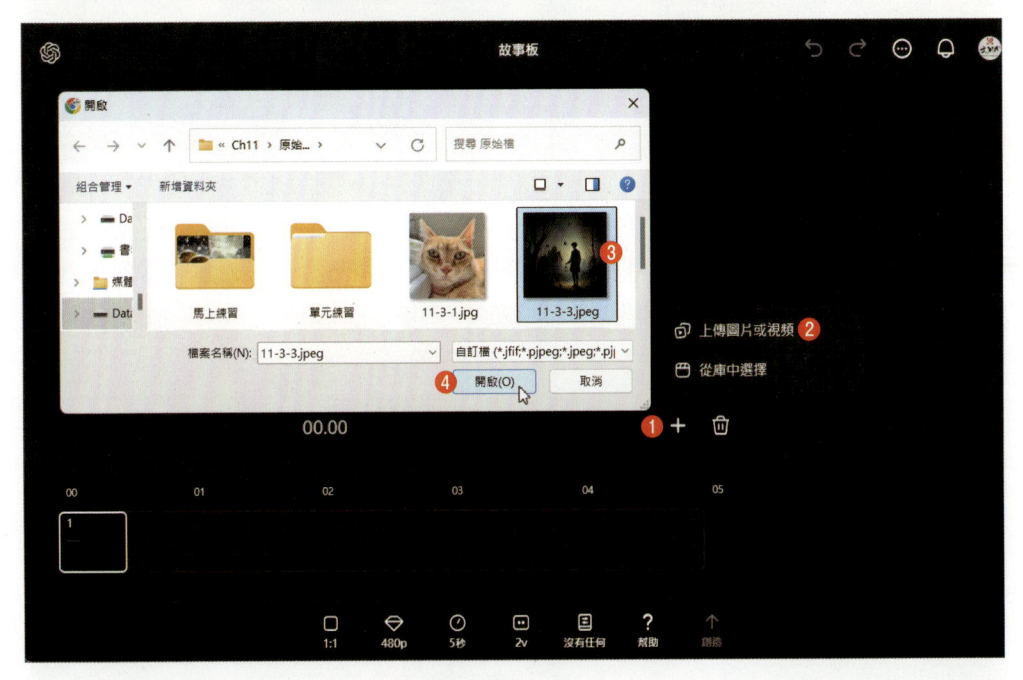

2. 於提示詞輸入欄點選 ➕ \ 🖼 **上傳圖片或視頻**，選擇所需的照片。

3. 時間軸上自動生成一段提示詞，設定畫面比例：1:1、畫質：480p、長度：10秒、生成影片數量：2。

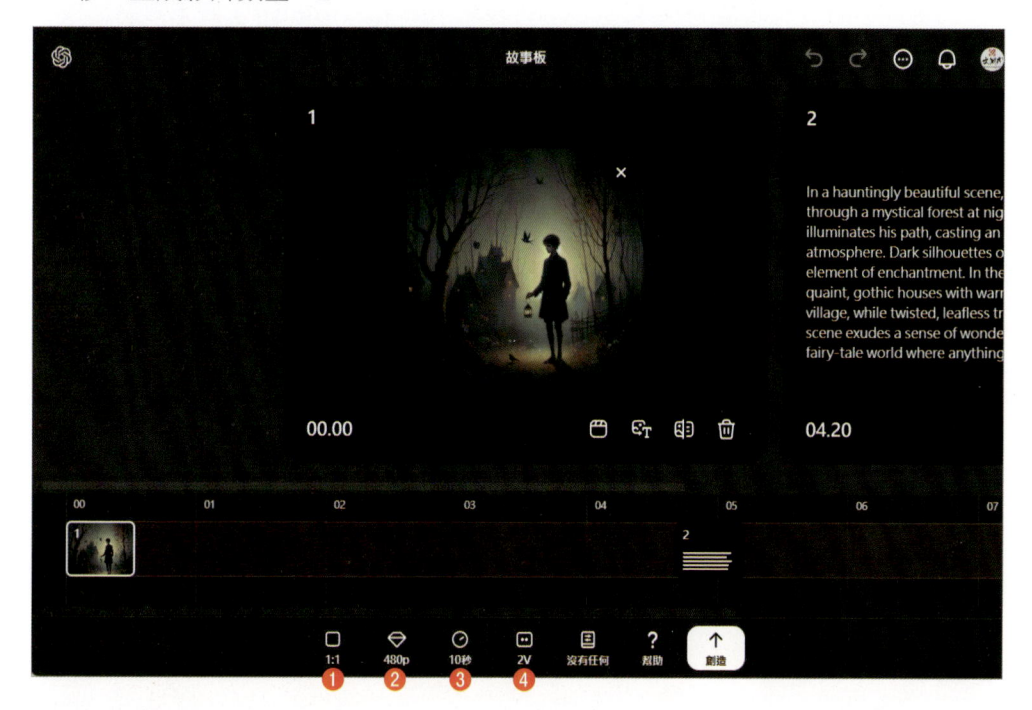

11-3-4 調整提示詞後生成影片

1. 點選提示詞輸入欄 (2)，選取提示詞，複製、貼上於 ChatGPT 聊天對話框後，輸入：「請將以上文字翻譯成中文。」，送出提示詞，完成翻譯後，複製文字返回 Sora 將提示詞欄中的英文提示詞替換成中文，方便後續以中文提示詞延伸劇情。

2. 於時間軸按住提示詞輸入欄 (2) 不放，往左拖曳至 00 至 01 秒之間（如圖位置）擺放。時間軸上如圖位置，按一下滑鼠左鍵，新增一個提示詞輸入欄。

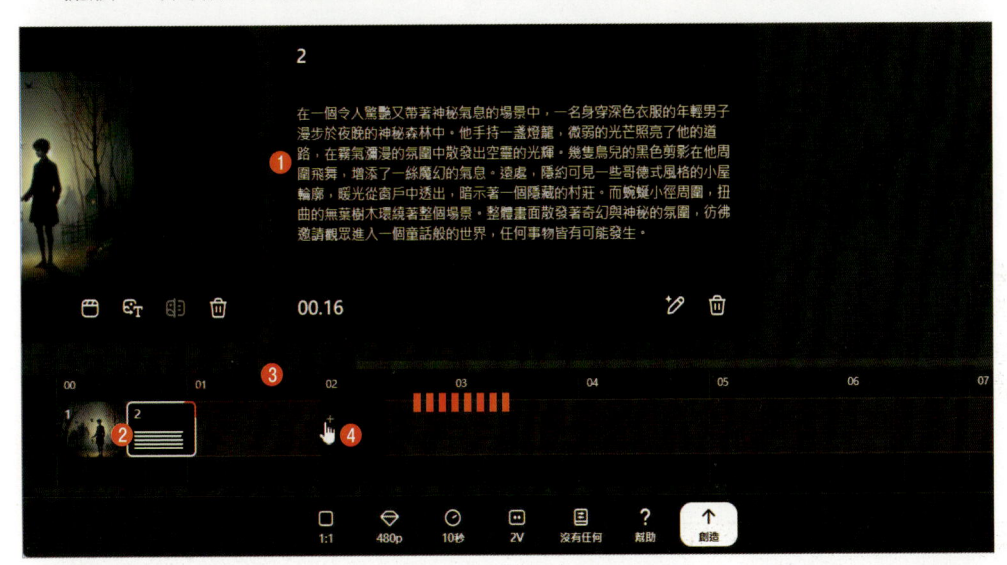

3. 於提示詞輸入欄 (3) 輸入：「年輕男子漫步穿過花園的拱門，幽暗的小徑逐漸顯現，鋪滿苔蘚的石板路，小屋燈光從窗戶內微微閃爍。」並送出生成影片。

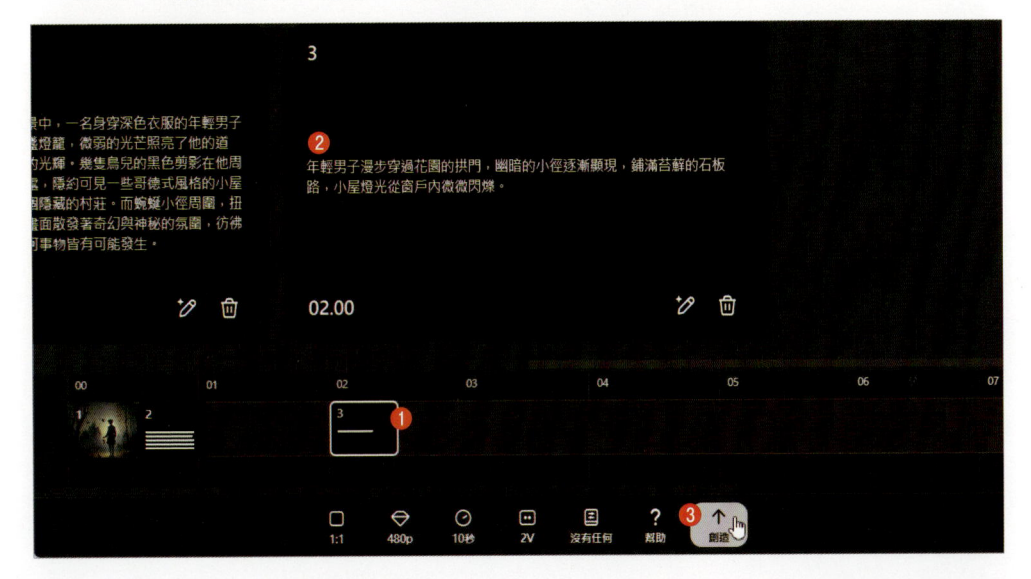

4. 影片生成完成後，會於右上角出現訊息通知。畫面左上角點選 ◎ 進入 **圖書館**，生成的影片會顯示於 ▣ **所有影片**，滑鼠指標移至影片上方可預覽影片效果。

11-3-5 下載生成的影片

滑鼠指標移至欲下載的影片上方點選 ⋯ \ **下載**，點選欲下載的格式（影片為 MP4 檔案格式；動圖為 GIF 檔案格式），此處點選 **動圖 \ 下載** 鈕。

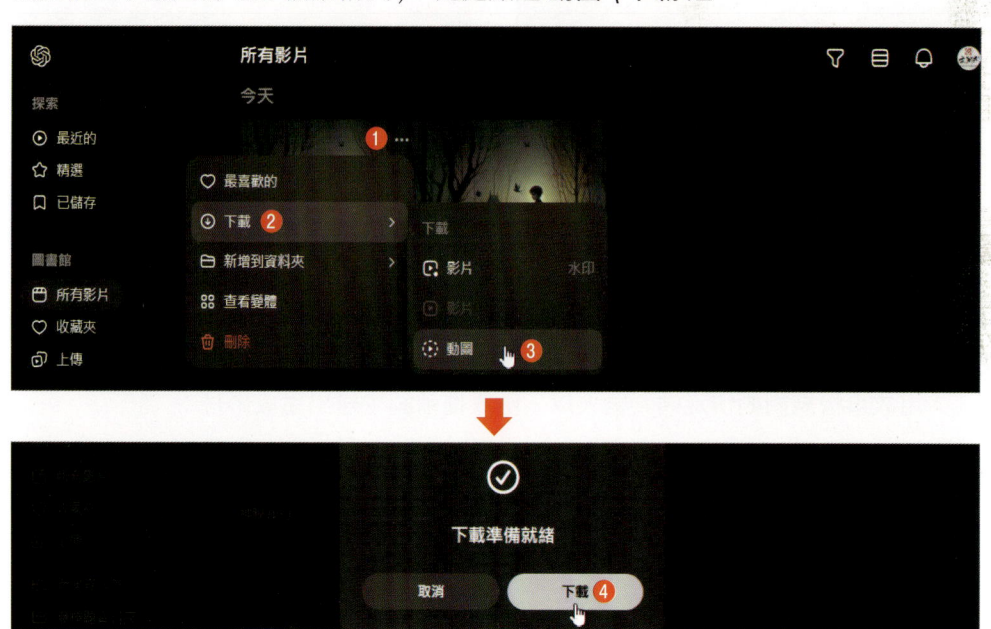

> **馬上練習**

一、提示詞生成影片。分別輸入以下提示詞，送出生成兩段影片：

1. **提示詞**：陽光灑在在一大片翠綠的草原上，二隻可愛的小貓在草地上嬉戲。背景是一片夢幻的藍天，點綴著如棉花糖般的雲朵，雲朵形狀有趣且充滿童話感。

2. **提示詞**：整體畫面呈現出夢幻般的童話風格。一隻橘色虎斑貓安靜地躺在綠油油的草皮上，尾巴輕輕地晃動著，似乎正享受微風的吹拂。天空中柔軟的雲朵緩緩移動。草地上點綴著一些小花，隨著風輕輕搖曳。

二、圖像生成影片。使用以下圖像生成影片：

三、用故事板規劃劇情走向。輸入以下兩段提示詞，送出生成影片：

提示詞 1：夜晚的城市街道被雨水打濕，慢慢走入，地面映照著燈光。遠處高樓燈火通明。

提示詞 2：一間小咖啡館燈光柔和，窗內看進去，咖啡機冒出蒸汽，窗外的雨滴滑落在玻璃上。

11-4 實用技巧 – 循環播放與混合影片

生成的影片或上傳影片皆可使用迴圈功能設計循環播放效果，只需設定開始與結束時間點即可快速完成循環播放的影片；利用混和功能結合兩部影片，創造獨一無二的創新視覺效果。

11-4-1 設計無縫銜接迴圈影片效果

1. 於提示詞輸入欄點選 ➕\🖼 **上傳圖片或視頻**，選擇所需的影片後點選 **環形**。(此功能無法以 .gif 檔案格式製作循環播放的影片，在此建議使用 .mp4 檔案操作。)

2. 滑鼠指標移至時間軸上方會出現時間軸指標線，點選任一位置，可於上方預覽該時間點的畫面。將滑鼠指標移至時間軸指標線上呈 ⟷ ，往左或往右拖曳可設定起始與結束時間點，參考下圖將結束時間點調整至第一個場景結束處，完成設定後，點選 **環形**。(若操作時產生無法執行的訊息則重新整理頁面後，建議回到英文介面操作。)

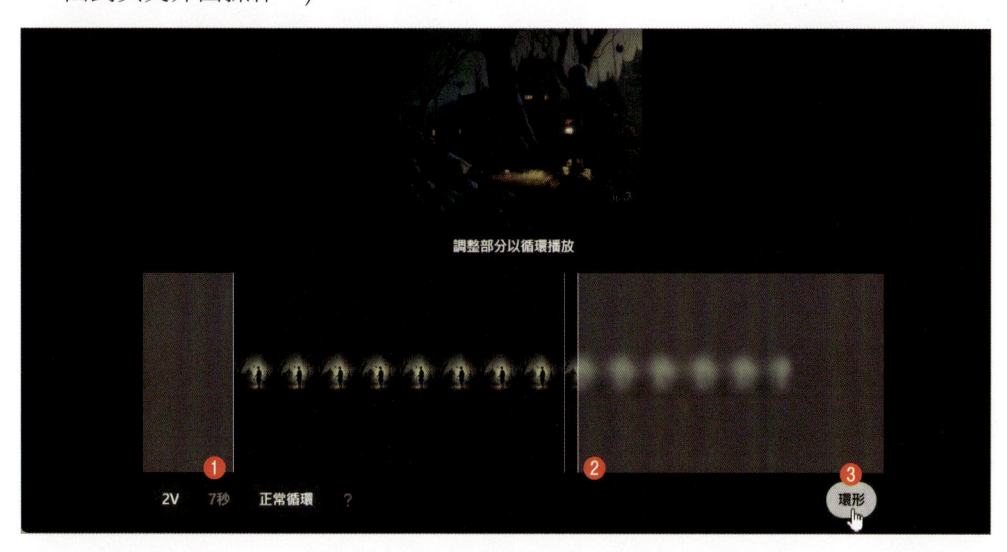

11-13

3. 點選畫面左上角 ◎ 進入 **圖書館**,生成的影片會顯示於 ▭ **所有影片**,滑鼠指標移至影片上方可預覽影片效果。

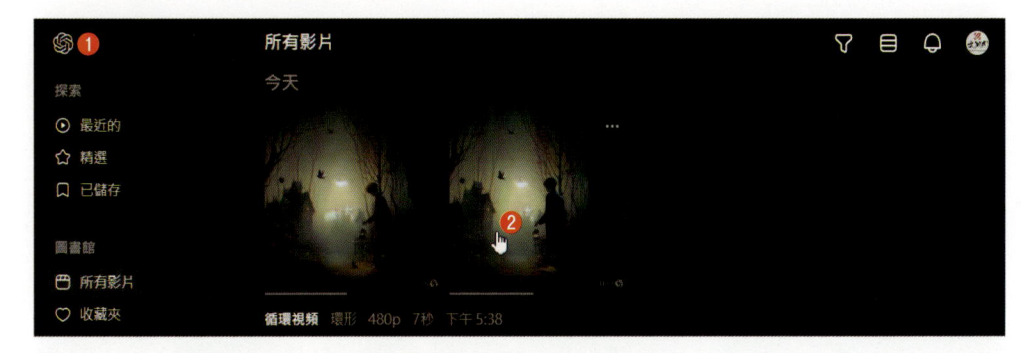

11-4-2 混合兩部影片創建全新轉場效果

Sora 混合方式可讓不同影片內的元素自然融合,提升影片的層次感和真實度。

1. 於提示詞輸入欄點選 ➕ \ ▭ **上傳圖片或視頻**,選擇所需的影片。

2. 點選 **混合** \ **上傳影片**,點選另一部影片,點選 **開啟** 鈕。

11-14

3. 設定生成影片數量：2，設定 **過渡混合**，混合曲線 點選 **過渡**。

4. 同樣的，滑鼠指標移至時間軸上方會出現時間軸指標線，點選任一位置，可於上方預覽該時間點的畫面，將滑鼠指標移至時間軸指標線上呈 ⟷，往左或往右拖曳可設定起始與結束時間點。

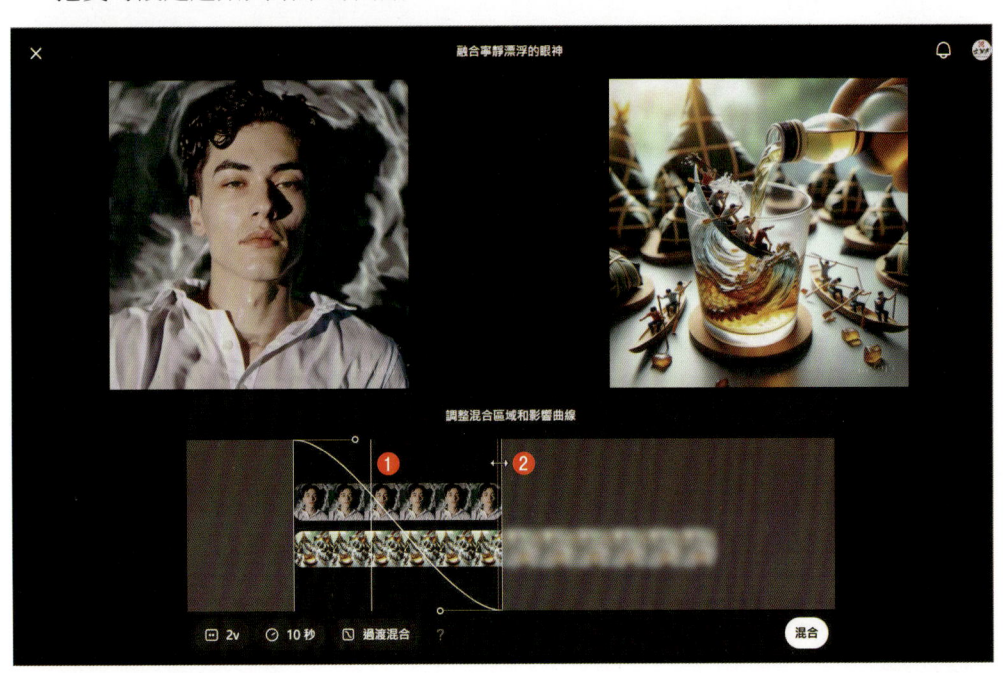

5. 調整混合方式：往右拖曳起始點的曲線節點 A，會拉長第一部影片於混合模式呈現的時間；往下拖曳起始點的曲線節點 B，會減少第一部影片於混合模式下的呈現，參考下圖調整起始與結束節點的混合方式。

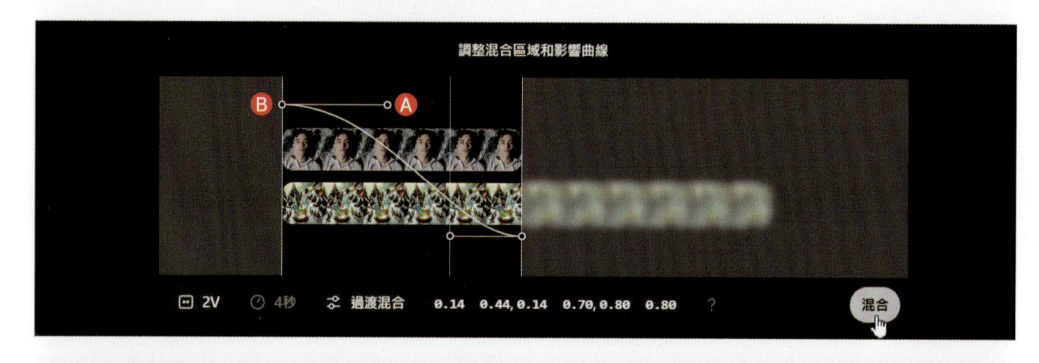

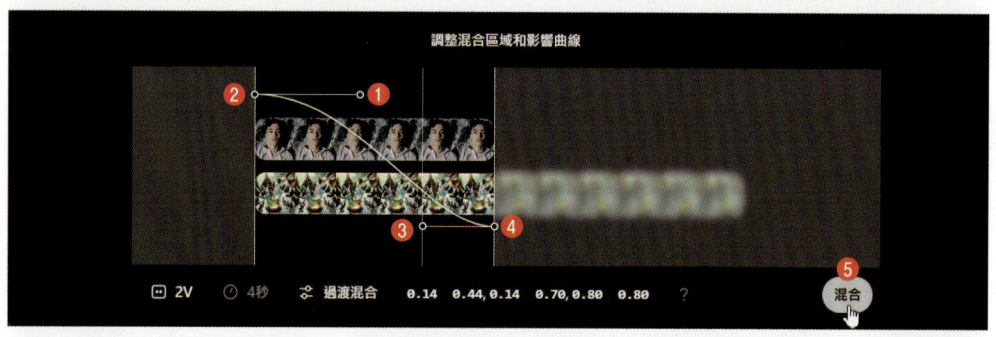

6. 生成的影片會顯示於 ▣ **所有影片**，滑鼠指標移至影片上方可預覽影片效果。

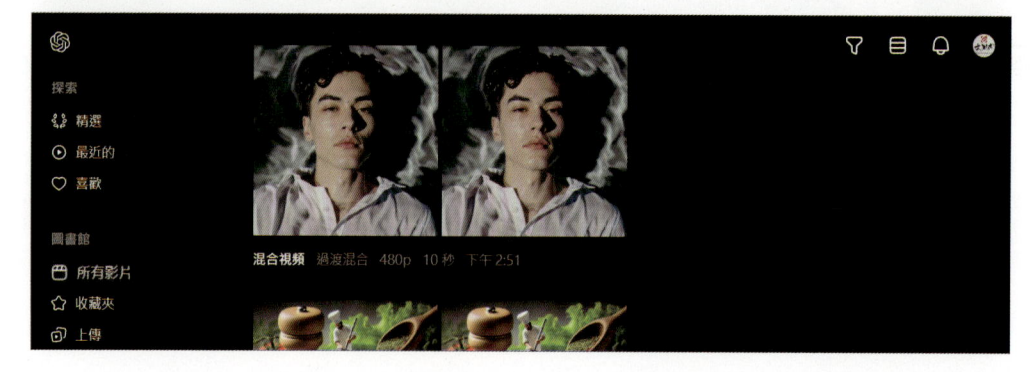

馬上練習

1. 請將下面二部影片混合,套用 **混合 (Mix blend)** 曲線模式。

2. 請將下面尺寸不同的兩部影片混合,套用 **混合 (Mix blend)** 曲線模式。

11-5 用 Canva 剪輯生成影片

影片生成後,到 Canva 使用影片編輯功能,將數段短影片剪接成一段長影片,讓情節和效果更完整。

11-5-1 建立新專案

開啟瀏覽器,於網址列輸入:「https://www.canva.com/」,進入 Canva 網頁,登入帳號後,於首頁點選 **影片**,依照需求選擇影片尺寸,此處點選 **行動影片**。

11-5-2 上傳並插入影片

1. 滑鼠指標移至側邊面板 **上傳**，點選 **上傳檔案**，選擇所需的影片，點選 **開啟** 鈕。

2. 上傳的影片會顯示於 **影片** 標籤，滑鼠指標移至影片縮圖上，可以預覽影片。

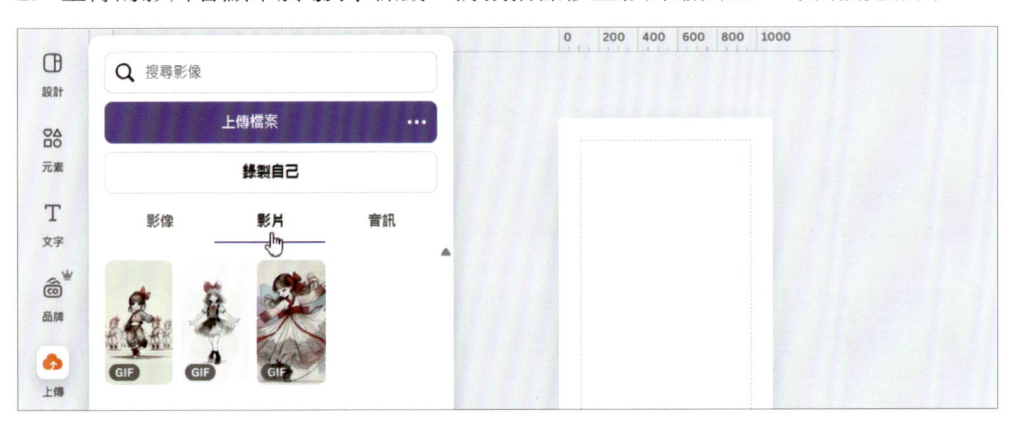

3. 於下方時間軸縮圖上，點選 ➕ 新增二個頁面，再於第一頁縮圖上按一下。

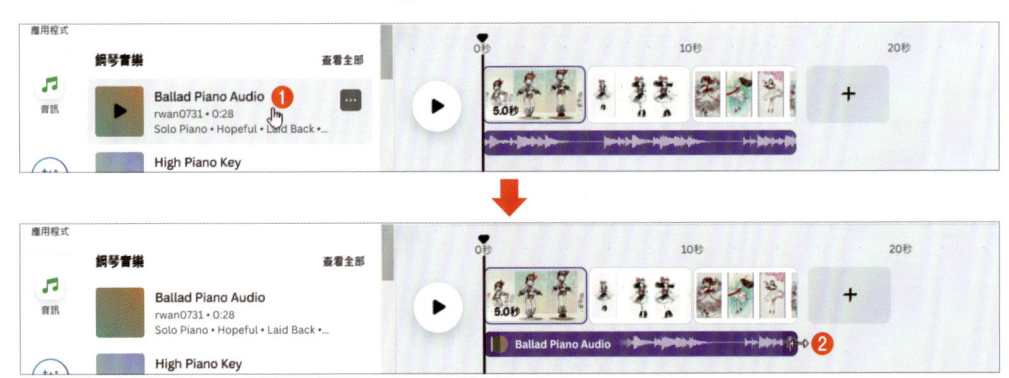

11-19

4. 滑鼠指標移至側邊面板 **上傳 \ 影片** 標籤，拖曳如圖影片至邊緣呈填滿狀態時放開，完成影片插入，依相同方法，完成其他頁面所有影片的插入。

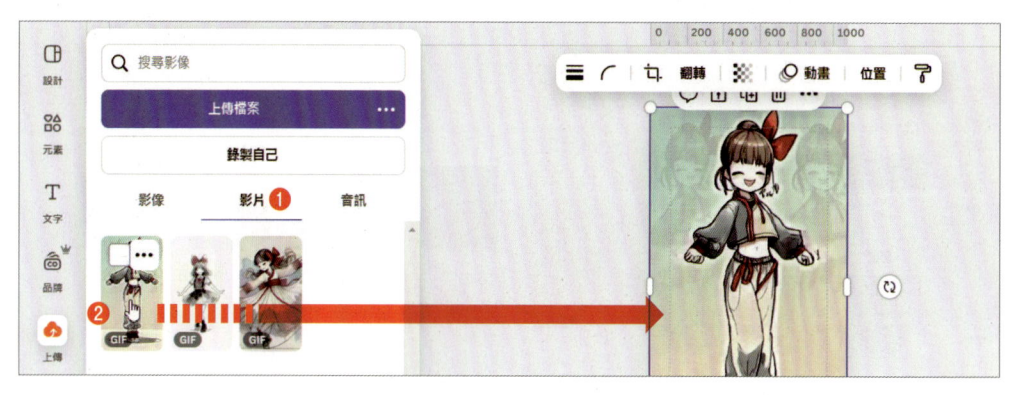

11-5-3 加入背景音樂

1. 滑鼠指標移至側邊面板 **應用程式**，於 **來自 Canva 的更多功能** 點選 **音訊**。

2. 點選音訊縮圖上方 ▶，可預覽音訊，點選適合的音訊加入至影片中。滑鼠指標移至音軌左右兩側 呈 狀，往左或往右拖曳可調整音訊播放長度。

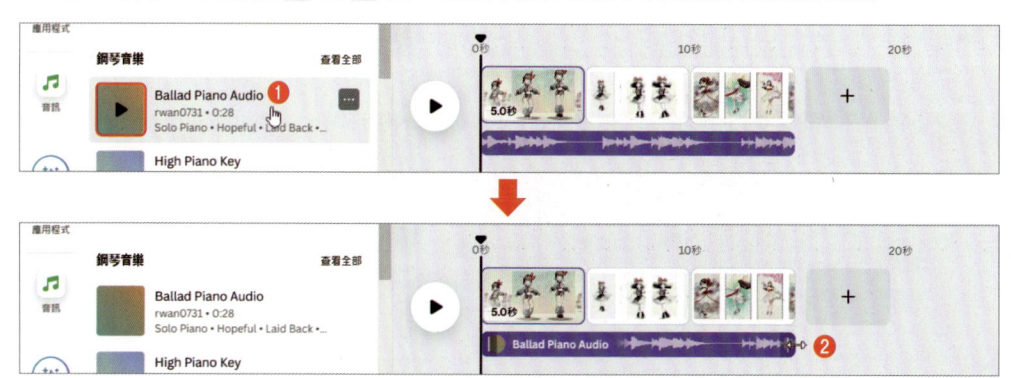

馬上練習

將以下動畫用 Canva 剪輯成一部完整的影片。

CHAPTER 11　揭開 Sora AI 影片創作的魔法

11-21

單元練習

1. 請分別將以下三張圖像放入故事板中，自行安排故事走向，生成影片：

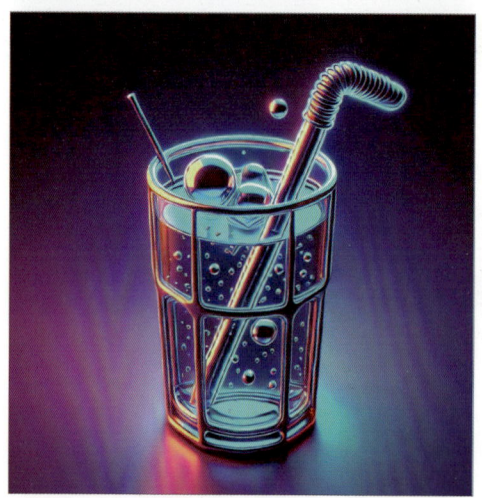

2. 請用上題的三張圖像生成影片，再將生成的影片上傳至 Canva 編輯，加上音效合成一部影片。

A

藝術風格總整理
從經典到未來的無限創意

AI 生圖技術為藝術創作帶來無限可能，從古典油畫到未來賽博風，各種風格皆能輕鬆實現。本章將帶你探索 AI 生圖的多元藝術風格，無論是寫實、插畫還是抽象，都能激發你的創意靈感！

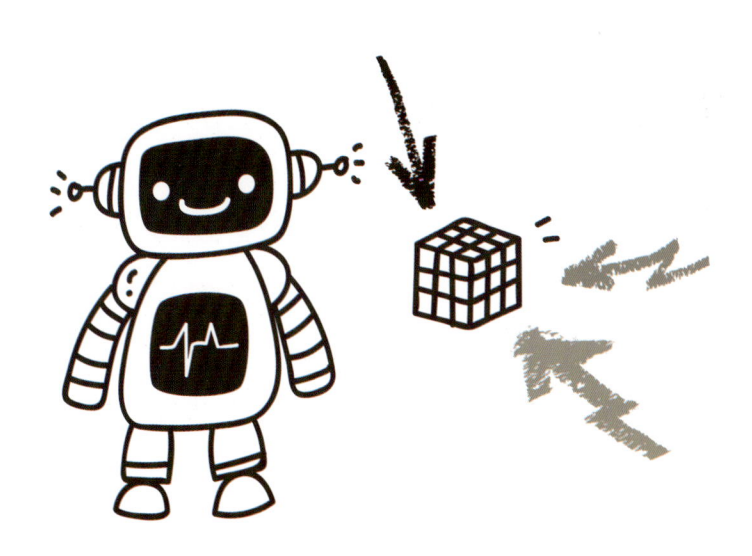

藝術風格決定圖像的視覺表現、氛圍、情感傳達方式，它會影響圖像色彩、線條、構圖、光影以及細節處理。為了一目瞭然的比較，在此會將各式風格提示詞一併整理，方便在生成圖像時查找與套用。

提示詞：[ ] 風格，一位亞洲母親輕輕抱著熟睡的嬰兒，背景是晨曦下的花園。

▲ 原始提示詞

▲ 簡單水彩風格

▲ 色鉛筆風格

▲ 粉彩粗糙極簡風格

A-2

▲ 民族圖騰扁平風格

▲ 酒精麥克筆風格

▲ 潦草簡筆速寫風格

▲ 幻想油畫風格

▲ 敦煌壁畫風格

▲ 剪紙風格

APPENDIX A　藝術風格總整理

A-3

▲ 水墨寫意渲染風格 　　　　　　　　▲ 浮世繪風格

▲ 3D 公仔風格 　　　　　　　　▲ 中國簡單水墨風格

▲ 3D 動畫風格 　　　　　　　　▲ 動漫風格

▲ 古典油畫風格

▲ 夢幻芭蕾插畫風格

▲ 復古魔幻插畫風格

▲ 水彩寫實風格

▲ 水墨侘寂風格

▲ 極簡抽象風格

APPENDIX A　藝術風格總整理

A-5

▲ 蠟筆簡筆線條風格

▲ 像素風格

▲ 水彩代針筆線條風格

▲ 裝飾性插畫風格

▲ 日系插畫風格

▲ 手繪風格

▲ 異想天開，極簡，抽象，漫畫風格。

▲ 極簡，筆觸隨意，兒童粗糙的粉彩抽象線條素描。

▲ 兒童粗糙的抽象線條素描

▲ 極簡抽象異想天開色鉛筆素描

▲ 極簡線條畫，幾筆線條勾勒，抽象不規則水墨潑灑。

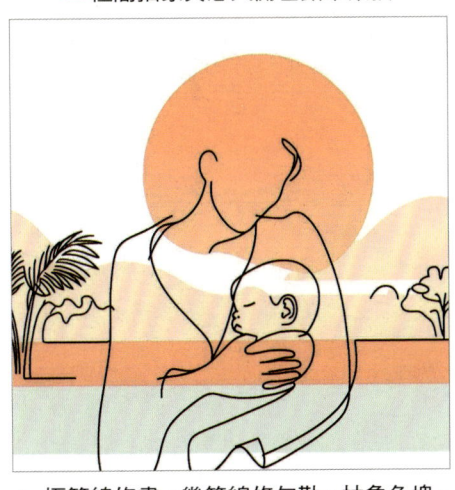

▲ 極簡線條畫，幾筆線條勾勒，抽象色塊。

APPENDIX A　藝術風格總整理

A-7

▲ 童趣極簡抽象天真藝術,異想天開。

▲ 風元素插畫

▲ 民間藝術,異想天開。

▲ 民間藝術,木刻版畫。

▲ 密集重複圖案風格,好多位。

▲ 塔羅牌風格

▲ 扁平圖標風格

▲ 彩色水墨，美麗女人。

▲ 色鉛筆素描

▲ 美式漫畫風格

▲ 詭譎壓抑，繪本風格。

▲ 童話插畫風格

APPENDIX A 藝術風格總整理

A-9

▲ 童趣水彩風格

▲ 碳筆素描，色彩柔和溫暖。

▲ 速寫，色彩柔和溫暖。

▲ 雕塑，色彩柔和溫暖。

▲ 塗鴉風格

▲ 紙雕藝術

▲ 攝影風格

▲ 復古老照片

▲ 拍立得照片

▲ 特寫照片

▲ 魚眼鏡頭

▲ 空拍機空中攝影

APPENDIX A　藝術風格總整理

A-11

▲ 細膩水彩風格

▲ 街頭噴漆塗鴉風格

▲ 酒精墨水素描，噴筆壓克力。

▲ 質感極簡抽象畫

▲ 高反差對比極簡色塊風格

▲ 禪繞畫風格

提示詞：[ ] 可愛的小妹妹和一隻貓在花園嬉戲。

▲ 反烏托邦與末世風格

▲ 未來復古風格

▲ 生物機械風格

▲ 現實主義與奇幻未來風格

▲ 科幻裝飾藝術風格

▲ 視覺合成與數位風格

APPENDIX A 藝術風格總整理

A-13

AI 繪圖一秒上手：用中文提示詞實現創意(ChatGPT、Copilot、Designer、Bing、Sora)

作　　者：	鄧文淵 / 郭宗澤
總 監 製：	鄧君如 / 文淵閣工作室
企劃編輯：	江佳慧
文字編輯：	王雅雯
設計裝幀：	張寶莉
發 行 人：	廖文良
發 行 所：	碁峰資訊股份有限公司
地　　址：	台北市南港區三重路 66 號 7 樓之 6
電　　話：	(02)2788-2408
傳　　真：	(02)8192-4433
網　　站：	www.gotop.com.tw
書　　號：	ACU087700
版　　次：	2025 年 04 月初版
建議售價：	NT$580

國家圖書館出版品預行編目資料

AI 繪圖一秒上手：用中文提示詞實現創意(ChatGPT、Copilot、Designer、Bing、Sora) / 鄧文淵, 郭宗澤編著. -- 初版. -- 臺北市：碁峰資訊, 2025.04
　面；　公分
ISBN 978-626-425-054-2(平裝)

1.CST：人工智慧　2.CST：電腦繪圖　3.CST：數位影像處理

312.83　　　　　　　　　　　　　　　114003763

商標聲明：本書所引用之國內外公司各商標、商品名稱、網站畫面，其權利分屬合法註冊公司所有，絕無侵權之意，特此聲明。

版權聲明：本著作物內容僅授權合法持有本書之讀者學習所用，非經本書作者或碁峰資訊股份有限公司正式授權，不得以任何形式複製、抄襲、轉載或透過網路散佈其內容。
版權所有．翻印必究

本書是根據寫作當時的資料撰寫而成，日後若因資料更新導致與書籍內容有所差異，敬請見諒。若是軟、硬體問題，請您直接與軟、硬體廠商聯絡。